过瘾湘菜

过瘾湘菜

夏强 主编

中國華僑出版社
·北京·

图书在版编目(CIP)数据

过瘾湘菜 / 夏强主编 . —北京：中国华侨出版社，2014.7（2024.4 重印）
ISBN 978-7-5113-4797-8

Ⅰ . ①过… Ⅱ . ①夏… Ⅲ . ①湘菜—菜谱 Ⅳ . ① TS972.182.64

中国版本图书馆CIP数据核字（2014）第172473号

过瘾湘菜

主　　编：夏　强
责任编辑：唐崇杰
封面设计：冬　凡
美术编辑：张　诚
经　　销：新华书店
开　　本：720 mm × 1020 mm　1/16开　印张：13　字数：260千字
印　　刷：三河市兴博印务有限公司
版　　次：2014年10月第1版
印　　次：2024年4月第6次印刷
书　　号：ISBN 978-7-5113-4797-8
定　　价：52.00元

中国华侨出版社　北京市朝阳区西坝河东里 77 号楼底商 5 号　邮编：100028
发 行 部：（010）88893001　传　真：（010）62707370
网　　址：www.oveaschin.com　E-mail：oveaschin@sina.com

前言

湘菜即湖南菜，是我国“八大菜系”之一，是中华饮食大花园中的一朵奇葩，由湘江流域、洞庭湖区和湘西菜组成，以刀工精、调味细和技法多而名重天下。湘菜兼有粤菜之鲜香，不失鲁菜之气派，不缺淮扬菜之文气雅致，博采众长，别具一格，在我国烹饪史上占有重要的地位。每个地方的人对待食物的方式，其实就是一种文化，“湖湘文化”博大精深，湖湘美食便是窥探其魅力的窗口。

在长期的饮食文化和烹饪实践中，湖南人创制了多种多样的菜肴，“菜不足贵，适口则足以养人”是湘肴的基调。“食以味为先”，湘菜最讲究的是口味，尤以酸辣菜和腊制品著称，重视原料的互相搭配和滋味的互相渗透，品种繁多，制作精细，用料广泛，口味多变，让人辣得够劲，吃得爽快。湘菜不仅滋味足，而且刀工精细，型味兼美。基本刀法有16种之多，直切、推切、跳切、拉切、滚刀切、转刀切等，具体运用，演化参合，使菜肴千姿百态、变化无穷。湘菜特别讲究原料的入味，注重主味的突出和内涵的精当。调味工艺随原料质地而异，如急火起味的“熘”，慢火浸味的“煨”，先调味后制作的“烤”，边入味边烹制的“蒸”，等等，味感的调摄精细入微，带给人活“色”生“香”的“味”觉体验，让人大呼过瘾。

湘菜以其酸而不酷、醇厚柔和、与辣组合形成的独特风味，让人陶醉不已、欲罢不能，在百姓餐桌上扮演着重要角色。那么，如何用最短的时间、最简便的方式做出正宗地道的湘菜呢？针对人们热爱湘菜、渴望自己下厨烹饪美食的需求，我们聘请专业厨师亲自操刀，并由专业的摄影团队拍摄，精心编写了这本《过瘾湘菜》。第一章对湘菜的饮食文化以及历史渊源、湘菜的特点、湘菜特色原料、湘菜的调味风格等方面进行了简要的介绍，使你在过足湘菜瘾之外，还能对湘菜文化的方方面面有更全面的了解。之后按照经典湘菜、家常湘菜和创新湘菜分类，收录了深受大众喜爱的湘味菜肴，包括凉菜、炒菜、烧菜、蒸菜、汤菜、小吃等，既有传统佳肴，也有创新菜式，款款经典，荤素并举，老少咸宜，适合全家共享。书中介绍了每道菜品的特色，并从原料、材料、食材处理、制作方法、美味秘诀、营养价值以及菜品典故等方面进行了详细解说，菜品的烹饪步骤清晰，详略得当，同时配以彩色图片，读者可以一目了然地了解湘菜的制作要点，十分易于操作。即便你是小试牛刀的初学者，没有做湘菜的经验，也能操作得得心应手，烹制出有模有样有滋味的菜品。

家常的食材，百变的做法，做正宗地道的湘菜！对于饮食男女、烹饪业者来说，这是一本实用且颇有收藏意义的湘菜书籍，可以让你足不出户，全方位体验万千变幻的舌尖美味，让全家人尽享湘菜的无穷魅力。

目录

第一章 千年湘菜 千滋百味

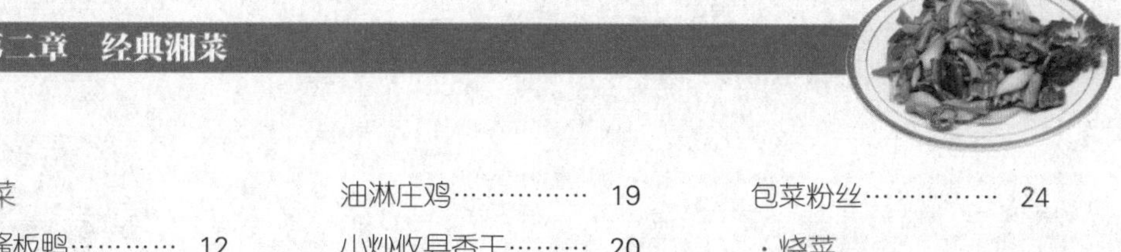

第二章 经典湘菜

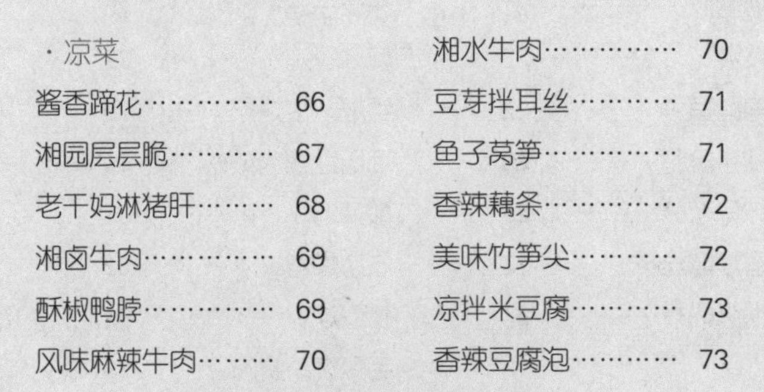

第三章　家常湘菜

第四章　创新湘菜

第一章

千年湘菜 千滋百味

湘菜的历史起源

湖南菜简称湘菜，是我国历史悠久的一个地方风味菜，八大菜系——浙菜、苏菜、湘菜、川菜、闽菜、粤菜、徽菜、鲁菜之一。

湖南地处长江中游南岸，气候温暖，雨量充沛，自然条件优越，利于农、牧、副、渔的发展，故物产特别富饶。《史记》记载，楚地“地势饶食，无饥馑之患”。春秋战国时期，湖南主要是楚人和越人生息的地方，那时，湖南先民的饮食生活相当丰富，烹调技艺相当成熟，形成了酸、咸、甜、苦等为主的南方风味。

公元前300多年的战国时代，伟大的诗人屈原被流放到湖南，写出了著名诗章《楚辞》。其中的《招魂》和《大招》两篇就反映了当时丰富味美的菜肴、酒水和小吃情况。《招魂》中有一段这样的描写：“食多方些。稻粢穱麦，挐黄粱些。大苦咸酸，辛甘行些。肥牛之腱，臑若芳些。和酸若苦，陈吴羹些。胹鳖炮羔，有柘浆些。鹄酸臇凫，煎鸿鸧些，露鸡臛蠵，厉而不爽些。”意义是：“吃的菜肴丰富多彩。大米、小米、穱麦、黄粱随你食用。酸、甜、咸、苦，调和适口。肥牛的蹄筋又软又香。有酸苦风味调制的吴国羹汤。烧甲鱼、烤羊羔还加入甘蔗汁。醋烹的天鹅、焖野鸡、煎肥雁和鸧鹤，还有卤鸡和炖龟肉汤，味美而又浓烈啊——经久不散。”

另外，《大招》里还提到有“楚酪”——楚式奶酪，“醢豚”——小猪肉酱，“苦狗”——狗肉干，“炙鸹”——烤乌鸦，“烝凫”——蒸野鸡，“煎”——煎鲫鱼，“雀”——黄雀羹等菜肴。从中我们可以知道，当时湖南人的饮食生活中已有烧、烤、焖、煎、煮、蒸、炖、醋烹、卤、酱等十几种烹调方法。所采用的原料，也都是具有湖南特色的物产资源。

此外，根据《楚辞》的记载，当时的小吃也是很有特色的。屈原这样描写：“瑶浆蜜勺，实羽觞些。挫糟冻饮，酎清凉些。华酌既冻，有琼浆些。”解释为白话意思是：“有晶莹如玉的美酒掺和蜂蜜，斟满酒杯供人品尝。冰镇的糯米酒真清凉醇厚，玉黄色的黄酒够你陶醉。”上述这些，都说明了早在战国时期，湖南先民的饮食生活就相当丰富。

湘菜的形成和发展

秦汉两代，湖南的饮食文化逐步形成了一个从用料、烹调方法到风味风格都比较完整的体系。到汉代，湘菜的地方风格已很突出了。长沙马王堆西汉墓出土的《竹简·食单》中记载，湘菜精美者近100种，其中内羹一项就有5大类24种，另外还有72种食物。这时湘菜的烹调方法也发展到16种，即羹、炙、煎、熬；蒸、濯、脍、脯、腊；炮、醢等。作料主要有盐、酱、豉、曲、糖、蜜、韭、梅、桂皮、花椒、茱萸等。这时独具特色的酸味菜也很多，《食单》中就有酢菜和酸羹10种。

到了唐宋，湘菜开始在形式上刻意求新，浓、香、淡的风格已经确立。形式上对菜品不加入很重的修饰，以求完整地保存原料的自然形态，并且都有说道。一条鱼象征连年有"余"，若有桂花鱼还有"富贵"的意思。以鸡代凤，以鹿寓"禄"，以羊为"祥"，龟则象征长寿。这时的湘菜的菜单已按生日、婚丧、升迁等事分类，沿用至今。

明朝末年辣椒由南美移植中国，湖南的环境适宜辣椒生长。辣味菜也成为湘菜富有特色的部分。在湘菜样式上，辣椒还作为点缀材料，如名菜"麻辣仔鸡"就有尖红椒与青蒜装饰，使人见之思食。晚清至民国初年，长沙一带就有49家湘菜馆。当时名厨辈出，有萧荣华、柳三和、宋善斋、毕河清等，现在湘菜著名厨师都是他们的传人。

今天，湘菜已发展到菜肴4000多种，名菜800多种，其中用料也更注重本地特色，一般主要菜肴都选用本地土特产作原料，佐料一般用青红辣椒、姜、醋、五香粉、豆豉等。在烹调技艺上，湘菜注重形象美，强调先"色"夺人；以蒸、煨、煎、炒、烧、腊见长，菜肴具有酸、辣、麻、焦、香的特点，强调原汁原味，多味调和，具有清香、浓鲜、脆嫩多种风格。

湘菜的特点

选料认真

湘菜有数千个品种，入烹原料也十分广博。湘菜对各种原料都能善于利用，善于发现，善于创新，善于吸收，善于消化。由于湖南地貌结构不同，土特产不尽相同，各地区都能善用本地的土特原料作为烹调原料。湘菜注重选料。植物性原料，选用生脆不干缩、表面光亮滑润、色泽鲜艳、菜质细嫩、水分充足的蔬菜和色泽鲜艳、壮硕、无疵点、气味清香的瓜果等。动物性原料，除了注意新鲜，宰杀前活泼、肥壮等因素外，还讲求熟悉各种肉类的不同部位，进行分档取料，根据肉质老嫩程度和不同的烹调要求，做到物尽其用。例如炒鸡丁、鸡片，用嫩鸡；煮汤，选用老母鸡；卤酱牛肉选牛腱子肉，而炒、熘牛肉片、丝选用牛里脊。

擅长调味，以酸辣著称

湘菜特别讲究原料的入味，注重主味的突出和内涵的精当。调味工艺随原料质地而异，如急火起味的“熘”，慢火浸味的“煨”，先调味后制作的“烤”，边入味边烹制的“蒸”，等等，味感的调摄精细入微。而所使用的调味品种类繁多，可烹制出酸、甜、咸、辣、苦等多种单纯和复合口味的菜肴。湖南民间独特的调料数不胜数，浏阳的豆豉、湘潭的龙牌酱油、双峰的辣酱、宁乡的辣椒、长沙的玉和醋、浏阳河小曲、娄底的山胡椒油、攸县的蒜、醴陵的姜，远近闻名，为湘菜增色不少。湘菜调味，特色是“酸辣”，以辣为主，酸寓其中。“酸”是酸泡菜之酸，比醋更为醇厚柔和。辣则与地理位置有关。湖南大部分地区地势较低，气候温暖潮湿，古称“卑湿之地”。而辣椒有提热、开胃、去湿、驱风之效，故深为湖南人民所喜爱。久而久之，酸辣便形成了地区性的、具有鲜明味感的饮食风味。

技法多样，尤重煨

湘菜技法早在西汉初期就有羹、炙、脍、濯、熬、腊、濡、脯、菹等多种技艺，经过长期的繁衍变化，到现代，技艺更精湛的则是煨。煨在色泽变化上又分为“红煨”“白煨”，在调味上则分为“清汤煨”“浓汤煨”“奶汤煨”等，都讲究小火慢，原汁原味。诸如“组庵豆腐”晶莹醇厚，“洞庭金龟”汁纯滋养等，均为湘菜中的佼佼者。

刀工精细，形味兼美

湘菜的基本刀法有16种之多，对不同原料、不同菜肴品种、不同烹制方法采用不同的刀法，使菜肴千姿百态，变化无穷。诸如“发丝百叶”细如银发，“梳子百叶”形似梳齿，“溜牛里脊”片同薄纸，更有创新菜“菊花鱿鱼”“金鱼戏莲”，刀法奇异形态逼真，巧夺天工。湘菜刀工之妙，不仅着眼于造形的美观，还处处顾及烹调的需要，故能依味造形，形味兼备。如“红煨八宝鸡”，整鸡剥皮，盛水不漏，制出的成品，不但造型完整俊美，令人叹为观止，而且肉质鲜软酥润，吃时满口生香。同时，每种刀法又有不同变化，如“切”有直切、推切、跳切、拉切、滚刀切、转刀切、滚料切、锯切、推拉切、铡切、拍刀切等；“片”有推刀片、拉刀片、斜刀片、左斜刀、右斜刀、坡刀片、抹刀片、反刀片等。

品种繁多，门类齐全

湘菜就菜式而言，既有乡土风味的民间菜式，经济方便的大众菜式；也有讲究实惠的筵席菜式，格调高雅的宴会菜式；还有味道随意的家常菜式和疗疾健身的药膳菜式。据有关方面统计，湖南现有不同品味的地方菜和风味名菜达800多个，品种繁多。

湘菜的特色原料

湖南丰富的动植物资源，为湘菜提供了源源不断的独特原料，孕育着湘菜的千滋百味。

冬笋、冬苋菜、红菜薹、韭菜、莲藕，号称“湖湘五蔬”。冬笋以浏阳大围山的最好，用它烹制的冬笋腊肉、油焖冬笋……嫩黄鲜脆，营养丰富。冬苋菜以软糯鲜嫩为特色，炒煮、烹汤、下火锅，鲜香味美可口。将冬笋、冬苋菜、冬菇合炒谓之“炒三冬”，取浏阳大围山的冬笋、平江的冬苋菜、福建的上等冬菇合烹，集三鲜之美，别具风味。莲藕，以汉寿的玉臂藕最为著名，壮如臂，白如玉，汁如蜜，嫩脆脆，落口消融。湖南的韭菜以叶细、茎矮、气香、肉质厚嫩、辛辣味浓著称。

甲鱼、银鱼、鳜鱼、鳙鱼、小龙虾合称“洞庭五鲜”。自古洞庭甲鱼甲天下，湘厨烹制的“原蒸水鱼裙腿”“原汁武陵甲鱼”“红烧甲鱼”酥烂浓香，鲜美可口。“火焙银鱼”“奶汤银鱼”“雪花银鱼”更是无上妙品。以洞庭湖小龙虾烹制的“口味龙虾”更是从南吃到北。独产洞庭的鳙鱼头配上湖南辣椒、蒜子、紫苏，绝对美味。

湖南的干菜干香诱人，腊肉、火焙鱼、萝卜干是湖南人的“干菜三绝”。其中，“萝卜干炒腊肉”最为经典，萝卜干金黄甜脆，与腊肉腊香融为一体，一吃千年不厌。

浏阳的黑山羊、张家界的黑木耳、常德的黑豆、湘江的乌鱼、东安的山乌鸡合称“三湘五黑”。黑得纯正，黑有营养，都是烹制湘菜的上等佳肴原料。

因为有了它们，湘菜才有如此鲜活的魅力。

冬笋

冬笋，又名南竹笋，是立秋前后由毛竹（楠竹）的地下茎（竹鞭）侧芽发育而成的笋芽。冬笋既可以生炒，又可炖汤，其味鲜美爽脆。食用时最好先用清水煮滚，放到冷水泡浸半天，可去掉苦涩味，味道更佳。比较适合三高人群食用的“冬笋牛肉丝”和延缓衰老的“冬笋鱿鱼肉丝”都是以冬笋为料的经典湘菜。

冬苋菜

冬苋菜，又名葵菜、滑菜、冬寒菜，是锦葵科植物冬葵的嫩茎叶，湖南各地均有分布。四时可采，洗净鲜用。冬苋菜以幼苗或嫩茎叶供食，营养丰富，可炒食、做汤，茎叶柔滑、清香。湘菜中的“砂锅冬苋菜梗”是减肥餐桌上的主角。

红菜薹

红菜薹，别名紫菜薹、红油菜薹，它与广东菜心是属于同一变种，为十字花科芸薹属、芸薹种、白菜亚种的变种，一二年生草本植物，是原产我国的特产蔬菜，主要分布在长江流域一带，以湖北武昌和四川省成都市的栽培最为著名。据史籍记载，红菜薹在唐代是著名的蔬菜，历来是湖北地方官员向皇帝进贡的土特产，曾被封为“金殿玉菜”，与武昌鱼齐名。红菜薹可清炒、醋炒，亦可麻辣炒。其色碧中带紫，其味鲜嫩爽口，武汉人无不喜食。当然，这其中，尤以“红菜薹炒腊肉”最令人难以忘怀。

韭菜

韭菜，属百合科多年生草本植物，别名草钟乳、起阳草、长生草，又称扁菜。湖南的韭菜尤其以叶细、茎矮、气香、肉质厚嫩、辛辣味浓著称，又称“香韭菜”，因其“翠发剪还生”被称为“一束金”。湘菜中，有众多简单小菜都离不开韭菜，如“清炒韭菜”“辣炒韭菜”“韭菜煎蛋”“河虾炒韭菜”……

莲藕

莲藕属睡莲科植物，莲的根茎。肥大，有节，中间有一些管状小孔，折断后有丝相连。藕微甜而脆，可生食也可做菜，而且药用价值相当高，它的根根叶叶，茎须果实，无不为宝，都可滋补入药。湖南盛产，湘人的口福。尤其是汉寿的白臂藕著名，壮如臂，白如玉，汁如蜜，吃起来嫩脆脆的，落口消融。夏吃滋阴除燥，冬可补温活血。初挖出的鲜藕，脆甜鲜嫩，是佐酒佳肴。藕除了凉拌，还可油炸、煨炖、熘炒……举不胜数，妙不可言。

甲鱼

甲鱼俗称水鱼、团鱼和王八等，卵生爬行动物，水陆两栖生活。鳖肉味鲜美、营养丰富，有清热养阴，平肝熄风，软坚散结的效果。自古“洞庭甲鱼甲天下”。《左传·宣公四年》就记载着“郑公子归生因为吃不着大鳖，竟至于杀君”。事情是说春秋时，楚国献给郑国一只大鳖，郑灵公没有给公子归生吃，他很生气，用手在鼎中醮一点尝尝就走了，后来他杀死了郑灵公，足见湖南甲鱼的珍贵。几千年来，湘厨烹制的“原蒸水鱼裙腿”“原汁武陵甲鱼”“生烧甲鱼”还是那样的原汁原味，酥烂浓香，鲜美可口。

乌鱼

乌鱼又称黑鱼、蛇皮鱼、食人鱼、火头、才鱼。《神农本草经》将其列为上品，李时珍说：“鳢首有七星，形长体圆，头尾相等，细鳞、色黑，有斑花纹，颇类蝮蛇，形状可憎，南人珍食之。”乌鱼是底栖性鱼类，乌鱼出肉率高，肉厚色白、红肌较少，无肌间刺，味鲜，通常用来做鱼片，以冬季出产为最佳。代表菜式有“菊花财鱼”“清炒乌鱼片”“番茄鱼片汤”等。

银鱼

银鱼因体长略圆，细嫩透明，色泽如银而得名。其产于长江口，俗称面丈鱼、面条鱼、冰鱼、玻璃鱼等。

据《巴陵县志》记载：“银鱼产洞庭湖岳阳君山水域，中外名产矣。”1918 年在巴拿马国际水产会上银鱼被列为世界名产，其实银鱼在唐代就成了席上珍品。有诗云：“庭前供白小，天然三寸长。”形象描绘了银鱼的特点：银白透体，长约 10 厘米。用它做出来的湘菜名菜“火方银鱼”“奶汤银鱼”“雪花银鱼”等名扬四海，被人称赞不已。

鳜鱼

鳜鱼又叫桂鱼、鳌花鱼，属于分类学中的脂科鱼类。鳜鱼肉质细嫩，刺少而肉多，其肉呈瓣状，味道鲜美，向为鱼中之佳品。

“西塞山前白鹭飞，桃花流水鳜鱼肥”，这是诗人张志和在《渔歌子》中对鱼中上品——鳜鱼的描写。诗句形象地描绘了吃鳜鱼的最好时机：每年桃花汛期到，鳜鱼就长得很肥壮了。或水煮、或清蒸、或黄焖、或干烧、或辣酥、或糖醋……汤食，汤白肉嫩鲜香；干食，肉嫩味浓可口。湘菜传统名菜“柴把鳜鱼”“松鼠鳜鱼”等菜肴就广受食客好评。

鳙鱼

鳙鱼又叫花鲢、胖头鱼、包头鱼、大头鱼、黑鲢。外形似鲢，侧扁，是淡水鱼的一种。“鳙鱼吃头，青鱼吃尾”。用肥大的洞庭鳙鱼头配上独特的湖南辣椒、蒜子、紫苏，再用旺火足汽急蒸，或文火慢煮、干烧，绝对美味。鳙鱼适用于烧、炖、清蒸、油浸等烹调方法，尤以清蒸、油浸最能体现出鳙鱼清淡、鲜香的特点。鳙鱼鱼头大而肥，肉质雪白细嫩，是“鱼头火锅”的首选。此外，湘菜中的“剁椒鱼头”“双味鱼头”“干烧鱼头”皆因采用鳙鱼头而更美味。

小龙虾

小龙虾是存活于淡水中一种像龙虾的甲壳类动物，学名克氏原螯虾，也叫红螯虾或者淡水小龙虾。小龙虾因体型比其他淡水虾类大，肉也相对较多，以及肉质鲜美等原因，而被制成多种料理，包括赫赫有名的“麻辣小龙虾”等，是常见的餐点，受到了食客们普遍的欢迎。

腊肉

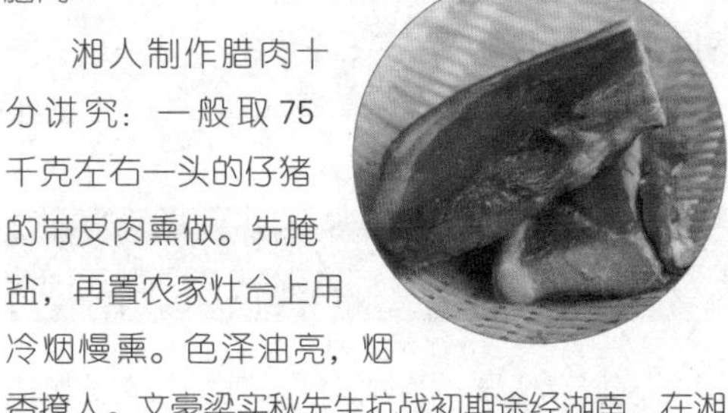

湘人制作腊肉十分讲究：一般取75千克左右一头的仔猪的带皮肉熏做。先腌盐，再置农家灶台上用冷烟慢熏。色泽油亮，烟香撩人。文豪梁实秋先生抗战初期途经湖南，在湘潭一朋友家吃过一顿腊肉，铭记在心。后来在他的散文中写道："湖南的腊肉是最出名的。"湘菜中腊肉的吃法很多，传统的吃法有"腊味合蒸""清水蒸腊肉""大蒜辣椒炒腊肉""冬笋腊肉""腊肉炖腊干"等；创新的吃法有"腊肉鳅鱼丝瓜""香煎腊肉""酸菜腊肉"等。

火焙鱼

火焙鱼，妙在"鱼吃小"。鱼要选小溪小塘里的小肉嫩仔鱼，火候要掌握精准，先用柴火把铁锅烧热，涂上茶油，再将活小鱼放入，微火，鱼跳，茶油自然粘满鱼的全身，再小火细心慢焙至鱼金黄油亮，皮酥肉嫩。这才是湖南地道的"火焙鱼"。用煎、炒、蒸、煮等原味湘菜手法，可烹"油酥火焙鱼""豆辣火焙鱼""青椒炒火焙鱼""干椒紫苏煮火焙鱼"等。

萝卜干

湘人钟爱萝卜。当季时鲜吃，"清炖萝卜""烧萝卜""蒸萝卜""炒萝卜丝""煮萝卜"。不当季时干吃，先在当季时就用鲜萝卜切条、切成片、切丁、切丝晾干，到过季时就有"辣椒萝卜""炒萝卜干"……香辣甜脆。"萝卜干炒腊肉"最为经典，萝卜干金黄甜脆，与腊肉腊香融为一体，百吃不厌。

黑木耳

木耳，别名黑木耳、光木耳，是一种营养性滋补食品，优质黑木耳乌黑光润，其背面略呈灰白色，体质轻松，身干肉厚，朵形整齐，表面有光泽，耳瓣舒展，朵片有弹性，嗅之有清香之气。

张家界的黑木耳色泽黑褐，质地柔软，味道鲜美，营养丰富，可素可荤，为中国菜肴大添风采。湘菜中，有很多以黑木耳做主料或配料，如"小炒黑木耳""葱烧木耳""长山药炒木耳"等，使得湘菜锦上添花。

黑豆

黑豆为豆科植物大豆的黑色种子，又名乌豆，味甘性平。现代药理研究证实，黑豆除含有丰富的蛋白质、卵磷脂、脂肪及维生素外，尚含黑色素及烟酸。正因为如此，黑豆一直被人们视为药食两用的佳品。

湖南常德盛产的黑豆以优质闻名，这使得湘菜中有以黑豆为料的的名菜"芸豆黑豆煲凤爪"，还有"黑豆煮鱼""黑豆爆鸡丁"等家常小菜。另外，黑豆也常用来做汤、粥，深得人们的喜欢。

黑山羊

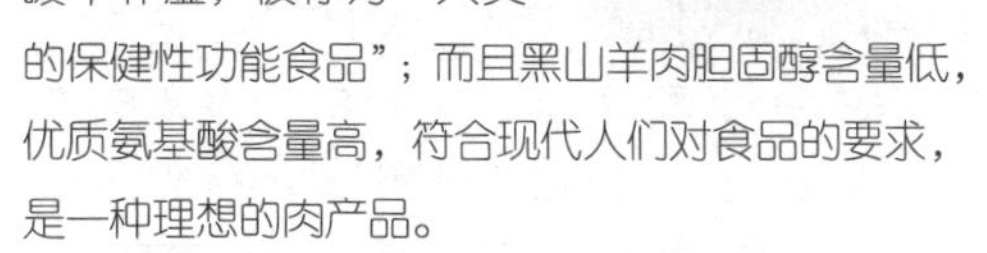

浏阳黑山羊是著名的优良地方品种，全身黑毛、油光发亮、皮呈青黑色。黑山羊肉性温热，能补气滋阴、暖中补虚，被称为"人类的保健性功能食品"；而且黑山羊肉胆固醇含量低，优质氨基酸含量高，符合现代人们对食品的要求，是一种理想的肉产品。

浏阳的黑山羊肉质细嫩，味道鲜美，瘦肉多，脂肪少，鲜嫩多汁，营养价值高，为湖南山羊品种之最，为现代都市人群带来了营养价值高、口味纯正独特、易于烹饪与加工的健康食品。

山乌鸡

湖南东安的山乌鸡属肉蛋兼用型地方优良品种，遗传性能稳定，体型中等偏大、耐粗饲、抗逆性强，环境适应力强，具有繁殖率高、肉质细嫩、浓香可口，营养价值高等优良特性。其皮、肉、骨和内脏均显乌色，素有“黑肉、黑骨、黑心肝”之称。

湘菜中的名菜的“东安子鸡”，肉质细嫩、香甜可口，营养价值高，声名远扬。

湘菜的调味风格

湘菜的调味讲究“相物而施”：对各种调味料的浓淡、稀稠、多少、新陈，加入以严格选用和区分，决不死板一律，以产生不同的味型，达到主味突出、咸鲜其中、回味无穷。即使是一个“辣”味，由于采用不同的辣品调味，如干辣椒、辣椒粉、辣椒油、鲜辣椒、指天椒、黄蜂辣椒、花椒散，虽然都是一个“辣”味，但可以调出不同的类型，有轻微带辣，有香鲜见辣，有酸辣鲜浓，有刺激浓辣。通过不同荤素配料的巧妙组合，产生千变万化的浓郁湘味。

湘菜的调味运用，主要是运用菜肴的荤素、主配、调味品本身进行合理的组合，对各种原料的咸、甜、酸、辣、香、鲜的单一味进行组合加工，使菜肴在口味上产生多质、多滋、多味的变化，使菜肴在色彩上产生青、红、黄、白、黑、亮、浓、稀而成绚丽多彩的菜肴。

湘菜的特色调味品

浏阳豆豉

浏阳豆豉，是浏阳市的地方土特产。它是以泥豆或小黑豆为原料，经过发酵精制而成，具有颗粒完整匀称、色泽浆红或黑褐、皮皱肉干、质地柔软、汁浓味鲜、营养丰富，且久储不发霉变质的特点。浏阳豆豉营养丰富，含有糖类、蛋白质、氨基酸、脂肪、酶、烟酸、维生素 B_1、维生素 B_2 等。加入水泡涨后，汁浓味鲜，是烹饪菜肴的调味佳品。

湘菜中的“腊味合蒸”，即以豆豉为作料。豆豉还具有一定的药用功能，能治疗感冒。以少量豆豉加入老姜或葱白、胡椒煎服，可去寒解表。

玉和醋

玉和醋又称玉醋，清朝中晚期至民国初年，玉和醋成为与山西醋、镇江醋齐名的全国三大名醋之一。玉和醋选用糖化率高的浏阳石子糯米为主料，以紫苏、花椒、茴香、食盐为辅料，以炒焦的节米为着色剂，从原料加工到酿造，再到成品包装，各道工序的操作规程极为严密，产品制成后，要储存一两年后方可出厂销售。玉和醋具有浓、香、醇、鲜四大特点，它不仅是日常烹调佳料，还具有开胃生津、和中养颜、醒脑提神等多种药用价值。

同是用黄芽白做菜，湘菜中用长沙的玉和醋做作料炒出的芽白，香浓色重味厚，与一般作料炒出来的不同。

茶陵紫皮大蒜

茶陵紫皮大蒜因皮紫肉白而得名，是茶陵地方特色品种，与生姜、白芷同誉为“茶陵三宝”。湖南民间流传说，茶陵大蒜是“一蒜入锅百菜辛，一家炒蒜百家香”。茶陵大蒜是一个经过多年选育、逐渐形成的地方优良品种，具有个大瓣壮、皮紫肉白、包裹紧实、香辣浓郁、含大蒜素高等优点。

永丰辣酱

此辣酱是清朝贡品，得名于湖南双峰县永丰镇，很是有名。永丰辣酱以本地所产的一种肉质肥厚、辣中带甜的灯笼椒为主要原料，掺拌一定分量的小麦、黄豆、糯米，依传统配方晒制而成。其色泽鲜艳，味道鲜美，辣中带甜，芳香可口，具有开胃健脾、增进食欲、帮助消化、散寒祛湿等功效。

湘潭酱油

湘潭制酱历史悠久，湘潭酱油以汁浓郁、色乌红、香温馨被称为“色香味三绝”。据《湘潭县志》记载，早在清朝初年，湘潭就有了制酱作坊。湘潭酱油除味道鲜美外，还含有数十种香气成分及人体所必需的氨基酸、营养元素，是湘菜调味佳品之一。湘潭酱油选料、制作乃至储器都十分讲究，其主料采用脂肪、蛋白质含量较高的澧河黑口豆、荆河黄口豆和湘江上游所产的鹅公豆，辅料食盐专用福建结晶子盐，胚缸则用体薄传热快、久储不变质的苏缸。生产中，浸子、蒸煮、拦料、发酵、踩缸、晒坯、取油七道工序，环环相扣，严格操作，一丝不苟。用独特的传统工艺酿造的湘潭酱油久贮无浑浊、无沉淀、无霉花，深受湖南人民的喜爱。

浏阳河小曲

浏阳河小曲酒质无色透明，酒香浓郁，味满醇和，回味绵长，是湘菜必备的调料之一。浏阳河小曲以优质高粱、大米、糯米、小麦、玉米等为主要原料，利用自然环境中的微生物，在适宜的温度与湿度条件下扩大培养而成为酒曲。酒曲具有使淀粉糖化和发酵酒精双重的作用，数量众多的微生物群在酿酒发酵的同时代谢出各种微量香气成分，形成了浏阳河小曲酒的独特风格。

腊八豆

腊八豆是湘菜特色调料之一，有一种特殊的香味。它是将黄豆用清水泡胀后煮至烂熟，捞出，沥干水分，摊凉后放入容器中发酵，发酵好后再用调料拌匀，放入坛子中腌渍而成。黄豆经过发酵腌渍后，蛋白质分解氨基酸增加，使其更容易消化吸收，因而很受人们的喜爱。

辣妹子

辣妹子即辣妹子辣椒酱，它精选上等红尖椒，细细碾磨成粉，再加上大蒜、八角、桂皮、香叶、茶油等香料，运用独门秘方文火熬成，经高温消毒杀菌，无任何人工色素和防腐剂，属纯天然食品。辣妹子辣椒酱辣味醇浓、口感细腻、色泽鲜美，富含铁、钙、维生素等多种营养成分，是正宗、地道的湖南调味料之一。

湘菜的烹调方法

炖

炖是指在食物原料中加入汤水及调味品，先用旺火烧沸，然后转成中小火，长时间烧煮的烹调方法，属火功菜技法。炖分为隔水炖和不隔水炖。隔水炖是指将原料装入容器内，置于水锅中或蒸锅上用开水或蒸汽加热炖制；不隔水炖是指将原料直接放入锅内，加入汤水，密封加热炖制。炖法、焖法、煨法并称为“储香保味”的三大“火功菜”。湘菜中有很多菜使用炖法，如“玉米炖排骨”“栗炖土鸡”“羊肉炖粉条”等。

炸

炸是以食油为传热介质的烹调方法，特点是旺火、用油量多。用炸法加热的原料大部分要间隔炸两次。用于炸的的原料在加热前一般须用调味品浸渍，加热后往往随带辅助调味品上席。炸制菜肴的特点是香、酥、脆、嫩。按所用原料的质地及制品的要求不同，炸可分为清炸、干炸、软炸、酥炸、卷包炸和特殊炸等。湘菜中“香炸藕片”“软炸虾糕”就用炸制手法，口感香脆，美味香浓。

蒸

蒸指把经过调味后的食品原料放在器皿中，再置入蒸笼利用蒸汽使其成熟的过程。根据食品原料的不同，可分为猛火蒸，中火蒸和慢火蒸 3 种。湘菜中“腊味合蒸”“骨汁蒸排骨”“湘菜扣肉”等，都采用蒸的做法。

焖

焖是将经油煎、煸炒或焯水等加工处理的原料，放入锅中加入适量的汤水和调料盖紧锅盖烧开，改用中火进行较长时间的加热，待原料酥软入味后，留少量味汁成菜的多种技法总称。按预制加热方法分为原焖、炸焖、爆焖、煎焖、生焖、熟焖、油焖；按调味种类分为红焖、黄焖、酱焖、原焖、油焖。“黄焖田鸡”就是湘菜中典型的焖菜，做得后，鸡肉柔软酥嫩。

涮

涮是将易熟的原料切薄片，放入沸水火锅中，经极短时间加热，捞出，蘸调味料食用的技法，在卤汤锅中涮的可直接食用。原料在沸水中所用时间很短，原料的鲜香味不受流失，成品滋味浓厚。涮法必须在特制的炊具，即火锅中进行。湖南的火锅也很有名。

焯

用焯法成菜一般以汤作为传热介质，成菜速度较快，是制作汤菜的专门方法。这种方法特别注重对汤的调制。它包括清焯和浓焯两种焯菜方式。选较嫩的原料，切成小型片、丝或剁茸做成丸子，在含有鲜味的沸汤中焯熟。也可先将原料在沸水中烫熟，装入汤碗内，随即浇上滚开的鲜汤。代表菜为“清汤鱼丸”“焯鱼丸”“焯白肉”。

卤

卤是冷菜的烹调方法，也有热卤，即将经过初加工处理的家禽、家畜肉放入卤锅加热浸煮，待其冷却即可。

卤水制作：锅洗净上火烧热，锅滑油后放入白糖，中火翻炒，糖粒渐溶，成为糖液，见糖液由浅红变深红色，出现黄红色泡沫时，投入清水 500 克，稍沸即成糖色水作为调料备用。将备好的香药料用纱布袋装好，用绳扎紧备用。锅置中火上，下花生油 100 克，下入姜、葱爆炒出香味，放清水、药袋、酱油、盐、料酒、酱油适量，一同烧至微沸，转小火煮约 30 分钟。弃掉姜、葱，加入味精，撇去浮沫便成。

煨

古作埋入炭灰至熟方法，于湖南、江西等地方使用，今指利用姜葱和汤水使食物入味及辟去食物本身的异味的加工方法。将加工处理的原料先用开水焯烫，放砂锅中，加足汤水和调料，用旺火烧开，撇去浮沫后加盖，改用小火长时间加热，直至汤汁黏稠，原料完全松软成菜的技法。

烩

烩指将原料油炸或煮熟后改刀，放入锅内加辅料、调料、高汤烩制的方法。具体做法是将原料投入锅中略炒，或在滚油中过油，或在沸水中略烫之后，放在锅内加水或浓肉汤，再加作料，用武火煮片刻，然后加入芡汁拌匀至熟。这种方法多用于烹制鱼虾和肉丝、肉片，如烩鱼块、肉丝、鸡丝、虾仁之类。

第二章

经典湘菜

菜品特色：色泽深红，皮肉酥香，酱香浓郁，滋味悠长。

湘香酱板鸭

主料：鸭肉 400 克。

辅料：植物油 15 克，料酒 10 克，大料、桂皮、丁香、花椒、砂仁各 8 克，生抽、老抽、香油各 5 克，盐 4 克。

制作过程：

1. 鸭处理干净，加盐、料酒、老抽腌渍 15 分钟。
2. 将腌料在处理好的鸭子身上涂抹均匀。
3. 将腌渍的鸭放入油锅中，略炸。
4. 等鸭身变得焦黄，捞出，沥油。
5. 锅置火上，倒入适量清水，放入剩下的盐、料酒、生抽，加入大料、桂皮、丁香、花椒、砂仁等五香料，大火烧沸；放入鸭子，再次烧沸，小火卤制约 60 分钟，取出鸭子。
6. 在鸭身表面刷上香油。
7. 将鸭身切条块，装盘即可。

大厨献招：

宜选用仔鸭，口感鲜嫩。

小窍门

鸭肉去腥的窍门

两瓣大蒜加入一茶匙醋，用水煮开，放入处理干净的鸭子，煮一小会儿，去掉血沫。这样处理的鸭子就会没有腥味。

小贴士

体内虚寒者忌食鸭肉。

菜品特色：清爽开胃，味道鲜美，油而不腻。

剁椒脆耳

主料：猪耳 300 克。

辅料：红尖椒、蒜片、芝麻、香菜、盐各 5 克，豆瓣酱 5 克，白酒 3 克，生抽 3 克。

制作过程：

1 猪耳去毛，处理干净，洗净。

2 将猪耳放入沸水中，煮熟，捞出，沥干水分，备用。

3 煮熟的猪耳切薄片，放入碗中。

4 将红尖椒洗净，切碎。

5 尖椒碎倒入盘中，加入盐、蒜片、芝麻、白酒、豆瓣酱、生抽拌匀。

6 放入香菜，装盘即可。

大厨献招：

猪耳不宜煮得过烂，大约 30 分钟左右即可，凉透后再切成片。

湘卤鸭脖

菜品特色：香辣鲜美，口感极佳，回味悠长。
主料：鲜鸭脖 500 克。
辅料：芝麻、植物油各 20 克，干辣椒、料酒各 10 克，卤料包 1 个，盐、姜片、葱花各 5 克，水淀粉适量。
制作过程：

1. 鸭脖洗净，加入盐、料酒拌均，腌渍一段时间，捞出。
2. 锅置火上，倒入适量油，烧热，放入干辣椒、姜片，稍炒；加入水、卤料包及剩余的盐烧沸，即成辣味卤。
3. 将鸭脖放入烧沸的辣味卤汁里，用中火卤 10 分钟。
4. 捞出后切段，撒上芝麻、葱花，用水淀粉勾芡，装盘即可。

红油猪舌

菜品特色：气味浓香，鲜美诱人。
主料：猪舌 250 克。
辅料：红油 20 克，盐、生抽、葱花、香油各 5 克，味精 2 克。
制作过程：

1. 猪舌处理干净，用沸水烫一下，捞出，趁热撕去表层白色的皮。
2. 猪舌放入沸水锅中，煮熟，捞出，凉凉，切成薄片备用。
3. 红油、生抽、盐、味精、香油一起放在碗中，调成味汁。
4. 将味汁淋在猪舌上，拌匀，装盘，撒上葱花即可。

农家小炒肉

主料：萝卜300克，鸡蛋、猪肉各100克，蒜苗50克。

辅料：植物油20克，豆瓣酱、料酒、水淀粉各10克，酱油、盐各5克。

制作过程：

1 萝卜去皮，洗净，切丝；蒜苗洗净，切段，一同放入盘中，备用。

2 猪肉洗净，切丝。

3 锅置火上，倒入适量油烧热，入蛋液，翻炒至五成熟，盛起。

4 锅内入油，放入豆瓣酱炒香。

5 倒入猪肉滑炒，烹入料酒。

6 放萝卜丝、蒜苗、鸡蛋，翻炒片刻，调入盐、酱油炒匀，用水淀粉勾芡装盘即可。

大厨献招：

此菜一定要大火快炒。

小贴士

适合孕产妇食用，肥胖者不宜多食。

菜品特色：味道鲜美，香味浓厚。

苦笋炒腊肉

主料：腊肉 200 克，苦笋 100 克，蒜苗 30 克。

辅料：植物油 20 克，料酒、红椒各 10 克，盐 5 克，味精 3 克。

制作过程：

1. 腊肉用温水浸泡，洗净，切成片；红椒洗净，对切；蒜苗洗净，切段。
2. 苦笋切块，倒入沸水中，焯水。
3. 将捞出的苦笋洗净，切成片。
4. 锅置火上，倒入适量油，烧热，放入红椒、腊肉炒香。
5. 倒入苦笋，同炒片刻。
6. 加入蒜苗，调入盐、味精、料酒炒匀，装盘即可。

大厨献招：

腊肉切小片更易入味。

小窍门

炒腊肉的窍门

炒腊肉虽然闻起来香，但是常常嚼起来很硬，口感不好，尤其是瘦腊肉。如何将瘦腊肉炒得松软好吃？将瘦腊肉先放在蒸锅中蒸软，然后将腊肉切薄片，放入烧热的花生油中翻炒，再放入大蒜、生姜、酱油、味精，拌匀，翻炒 3 分钟，最后将蒸腊肉的余油加入其中即可出锅。这样的腊肉闻起来香味扑鼻，吃起来松软柔嫩。

小贴士

苦笋先放在水里煮一下再进行烹饪，可以去除其苦味，让菜的味道更好。但要控制好时间，以免煮得过烂，影响口感。

苦瓜炒腊肠

主料：腊肠150克，苦瓜100克。
辅料：植物油20克，料酒、红椒、大葱各5克，盐、香油各4克。

制作过程：

1. 腊肠用温水煮开，洗净，切条。
2. 苦瓜去瓤，洗净，切成片。
3. 红椒洗净，切圈；大葱洗净，切段。
4. 锅置火上，倒入适量油，烧热，入腊肠、苦瓜同炒。
5. 加入红椒、大葱炒片刻，调入盐、料酒炒匀，淋入香油，装盘即可。

大厨献招：

苦瓜切成片后用水浸泡，可去除苦味。

小窍门

洗猪肠的窍门

先将猪肠放入淡盐、醋的混合液中浸泡片刻，再将其放入淘米水中泡一会儿，然后在清水中轻轻搓洗两遍即可。如果在淘米水中放几片橘皮，异味更易除去。

小贴士

苦瓜性寒味苦，入心、肺、胃经，具有降血压、血脂，养颜美容，促进新陈代谢等功能。苦瓜含丰富的维生素B_1、维生素C及矿物质，长期食用，能保持精力旺盛，对减少青春痘有很大益处。苦瓜含有一种具有抗氧化作用的物质，这种物质可以强化毛细血管，促进血液循环，预防动脉硬化。苦瓜还具有清热解暑、消肿解毒的功效。苦瓜质地较嫩，不宜炒过久，以免影响口感。

菜品特色：回味悠长，咸中回甜，口感外酥里嫩。

油淋庄鸡

主料：母鸡 1 只（约 1500 克）。

辅料：植物油 100 克，酱油、料酒各 50 克，小葱、姜各 25 克，冰糖、香油各 10 克，盐、白砂糖各 5 克，花椒 2 克，油炸花生米 15 克，甜面酱 10 克。

制作过程：

1 母鸡处理干净；葱姜拍破，加入适量盐、白糖、花椒拌匀。

2 用拌匀的葱、姜涂抹鸡身内外，盛入瓦钵内，腌约 1 小时后，去掉葱、姜。

3 取高压锅一个，放入鸡，加入花椒、酱油、料酒、冰糖和清水；置大火上烧沸，转小火，煮至软烂，取出，沥干水分。

4 锅置火上，倒入适量油烧至八成热，把煨好的整鸡浸入油锅内，用勺舀沸油淋在鸡身上，先淋鸡身、鸡腿，后淋鸡背、鸡头，肉厚处要多淋几次。

5 将鸡淋至鸡皮起酥，呈深红色为止，放入盘中，备用。

6 将鸡置砧板上，剔去胸骨、脊骨和腿、翅粗骨，剁去脚爪，将鸡头、鸡颈从中劈开；再将鸡颈剁成 5 厘米长的段；鸡肉切成 5 厘米长、3 厘米宽的条；然后仍将其拼成整鸡形状，摆放盘内，淋上香油。

7 锅置火上，下盐，炒干水分，拌入椒盐粉。

8 葱切小段，拌入香油、盐，与椒盐粉、油炸花生米、甜面酱汁 4 种调味品分别摆放在盘子四角，以备蘸食。

大厨献招：

此菜用“油淋炸法”，油温要高，控制在 180℃～220℃，油不沸不高，外皮就不酥脆。淋时应自上而下，小勺油反复多淋几次，力求均匀，口感极佳。

小窍门

鸡选用一岁肥嫩母鸡为佳；煨制时用瓦钵，成菜风味尤佳；剁鸡条时应热鸡操作，可用洁净的手布，以防烫手；因有过油炸制过程，需准备植物油 100 克。

品菜说典

油淋庄鸡

相传清末藩台庄赓良有一次来到豫湘阁，要掌厨萧麓松做份爽口新鲜菜，于是掌厨师傅便将红煨鱼翅和油淋鸡两种烹调方法结合起来做。将已煨制入味的鸡加入以油淋。庄品尝后，倍加称赞。“油淋庄鸡”因此传于世。

小贴士

母鸡肉蛋白质的含量比例较高，种类多，而且消化率高，很容易被人体吸收利用，有增强体力、强身壮体的作用。母鸡肉对营养不良、畏寒怕冷、乏力疲劳、月经不调、贫血、虚弱等有很好的食疗作用。

菜品特色：香辣鲜美，口感极佳。

小炒攸县香干

主料：猪肉、攸县香干各200克，红椒、蒜苗各50克。

辅料：植物油20克，辣椒油10克，盐5克，鸡精2克。

制作过程：

1. 猪肉洗净，切成片。
2. 攸县香干洗净，斜切成小块。
3. 红椒洗净，切圈；蒜苗洗净，切段。
4. 锅置火上，倒入适量油，烧热，加入猪肉爆炒。
5. 放入攸县香干。
6. 倒入红椒、蒜苗炒香，调入盐、鸡精、辣椒油调味，装盘即可。

大厨献招：

多放点油，能将香干炒嫩炒香。

小窍门

制作攸县香干的窍门

选新鲜的黄豆，除去杂质后洗净，用水浸泡数小时，让黄豆吃透水，之后磨成浆，滤去豆渣，适当加温后放置于容器内，与掺入的石膏水搅拌均匀，待豆浆将要凝固时，滤出水分，用瓢将豆腐花舀出，用滤布将豆腐花的水分再次滤干，轻压滤干的豆腐花定型即成香干。

小贴士

蒜苗在出锅前再加入，不仅味道鲜美，而且营养丰富。

菜品特色：鲜香美味，香味浓厚。

小炒肥肠

主料：猪大肠 300 克，红椒 100 克。

辅料：芹菜 30 克，植物油 15 克，生抽、盐各 5 克，鸡精 3 克。

制作过程：

1. 猪大肠处理干净，切圈。
2. 将切好的猪大肠放入锅中，焯水。
3. 红椒去蒂，洗净，切圈；芹菜洗净，切段，备用。
4. 锅置火上，倒入适量油，烧热，入猪大肠，炒至皮脆。
5. 再放入红椒炒香，将猪大肠炒至八成熟。
6. 倒入切好的芹菜，略炒。
7. 调入盐、鸡精、生抽，翻炒均匀，装盘即可。

大厨献招：

肥肠用盐和酱油腌渍，味才佳。

火爆腰花

菜品特色：菜鲜油亮，质嫩爽口，麻辣鲜香。
主料：猪腰 300 克，竹笋 20 克，木耳 10 克。
辅料：植物油 30 克，青椒、红椒、料酒、泡椒各 10 克，蒜苗、酱油、盐各 5 克。
制作过程：
1 猪腰洗净，切成片，剞上花刀，用盐、料酒、酱油腌渍；泡椒洗净；木耳泡发洗净；竹笋、青椒、红椒均洗净，切成片；蒜苗洗净，切段。
2 锅置火上，倒入适量油，烧热，放入猪腰滑炒；加入蒜苗段、木耳、竹笋、青椒、红椒、泡椒翻炒。
3 调入盐、料酒、酱油炒熟，装盘即可。
大厨献招：
腰花用葱、姜汁浸泡 2 小时可除去异味。

湖南腊鱼

菜品特色：油而不腻，香脆可口，口感细腻。
主料：腊鱼 250 克。
辅料：植物油 30 克，生抽、葱、辣椒各 15 克，盐 5 克，味精 3 克。
制作过程：
1 腊鱼用水泡 15 分钟，待鱼软，沥干水分；葱洗净，切末；辣椒洗净，切圈。
2 锅置火上，倒入适量油烧热。
3 入辣椒爆香，捞出辣椒。
4 放入腊鱼，大火炸至颜色微变。
5 放入辣椒，调入盐、味精、生抽，放入葱花炒匀，装盘即可。

酸辣芋粉鳝

菜品特色：辣味适中，香而不腻，大众口味。
主料：魔芋粉丝 200 克，鳝鱼 250 克。
辅料：盐、味精各 3 克，酱油、红油、辣椒、葱各 15 克。
制作过程：
1 魔芋粉丝用水泡软。
2 鳝鱼治净，切段。
3 辣椒洗净，剁碎。
4 葱洗净，切末。
5 油锅烧热，下入辣椒爆香，放入鳝段，大火煸炒 3 分钟。
6 放入魔芋粉丝，加水焖煮至熟，放盐、味精、酱油、红油调味，撒上葱末盛盘即可。

双椒马鞍鳝

菜品特色：滋味鲜香，营养丰富。
主料：青椒、红椒各 35 克，鳝鱼 300 克。
辅料：盐、味精各 3 克，辣椒油、葱各 10 克。
制作过程：
1 鳝鱼治净，切段。
2 青、红椒洗净，切圈。
3 葱洗净，切段。
4 锅置火上，倒入适量油烧热，下鳝段炸至皮缩肉翻，捞出，沥油。
5 油锅再烧热，下入青椒、红椒爆香，放鳝段炒匀，加入葱段、盐、味精、辣椒油调味即可。

蒜香炒鳝丝

菜品特色：美味可口，色泽鲜艳。
主料：鳝鱼 250 克，蒜薹 200 克，茶树菇 100 克。
辅料：红椒、盐、酱油、醋、水淀粉各适量。
制作过程：
1 鳝鱼治净切丝。
2 蒜薹洗净切段。
3 茶树菇泡发洗净，切段。
4 红椒去蒂洗净，切条。
5 炒锅置火上，倒入适量油，烧热，放下鳝鱼大火翻炒。
6 放入蒜薹、茶树菇、红椒同炒。
7 加盐、酱油、醋炒入味，用水淀粉勾芡即可。

回锅腊肉

菜品特色：清爽可口，芳香诱人。
主料：腊肉 200 克。
辅料：蒜苗 30 克，青椒、红椒、植物油各 20 克，蒜 10 克，干辣椒、盐各 5 克。
制作过程：
1 腊肉洗净，放蒸锅蒸熟，取出，切成片。
2 干辣椒洗净，切碎；青椒、红椒、蒜苗均洗净，切段。
3 蒜去皮，洗净，切成片。
4 锅置火上，倒入适量油烧热，放入蒜片、干辣椒爆香；加入腊肉，翻炒至出油。
5 放入蒜苗段、青椒、红椒，翻炒至熟；调入盐，装盘即可。
大厨献招：
腊肉用温水容易洗干净。

小贴士
胆固醇高者慎食。

包菜粉丝

菜品特色：色泽鲜艳，香辣鲜美，口感极佳。
主料：包菜 300 克，粉丝、五花肉各 100 克，干辣椒段 20 克。
辅料：植物油 20 克，醋、酱油、盐、花椒各 5 克，鸡精 2 克。
制作过程：
1 包菜洗净，切丝；五花肉洗净，切成片。
2 锅置火上，加水烧沸，放入粉丝，煮 5 分钟，沥干水分。
3 锅下油烧热，下花椒、干辣椒爆香，放入五花肉煎至出油，入包菜翻炒。
4 调入盐、鸡精、酱油、醋；放入粉丝炒匀，待熟，装盘即可。

东安子鸡

主料：母鸡1只（约1500克），清汤1000毫升，猪油100克。

辅料：黄醋50克，植物油、淀粉、料酒、葱、姜各25克，干红辣椒10克，盐5克，味精2克。

制作过程：

1. 鸡去毛，处理干净。
2. 将鸡胸、鸡腿切长条。
3. 将鸡肉切成块。
4. 姜切细丝；干红辣椒切末；葱白切斜刀段。
5. 锅置火上，倒入适量植物油和猪油，烧热，下鸡条、鸡块、姜丝、干辣椒煸炒出香味。
6. 调入醋、料酒、盐、清汤。
7. 放入淀粉、味精、葱白，装盘即可。

大厨献招：

用80℃左右的水烫鸡，易拔毛，又不损皮。

品菜说典

东安子鸡

唐玄宗开元年间，有客商赶路，入夜饥饿，在湖南东安县城一家小饭店用餐。店主老妪因无菜可供，捉来童子鸡现杀现烹。童子鸡经过葱、姜、蒜、辣调味，香油爆炒，再烹以酒、醋、盐焖烧，红油油、亮闪闪，鲜香软嫩，客人赞不绝口，到处称赞此菜绝妙。知县听说后，亲自到该店品尝，果然名不虚传，遂称其为“东安子鸡”。

小贴士

内火偏旺者忌食。

菜品特色：色泽鲜艳，麻辣味浓。

麻辣子鸡

主料：鸡腿500克。

辅料：植物油500克，鸡蛋1个，大蒜10克，盐、白糖、辣椒油、淀粉、酱油各5克，花椒粉、香醋各3克，香油、料酒各2克，高汤适量，干辣椒10克。

制作过程：

1. 将鸡身去毛，处理干净。
2. 把鸡腿里的骨剔除掉。
3. 将鸡肉切成小块，加入打匀的鸡蛋、味精、酱油和淀粉，搅拌，腌制30分钟。
4. 大蒜、干辣椒洗净，切末。
5. 锅置火上，倒入适量油，烧热，鸡块炸熟呈金黄色，捞出，沥油。
6. 锅中留底油，烧热，放入蒜、辣椒，略炒。
7. 放入鸡块，大火快速翻炒，再放入花椒粉。
8. 调入酱油、糖、醋、料酒，倒入高汤拌炒均匀。
9. 用水淀粉勾芡，淋上香油、辣椒油炒匀，装盘即可。

大厨献招：

鸡去粗骨时，先用刀在鸡背部中间从头至尾竖划一刀；再手拉翅膀割断鸡肩部关节，拉下鸡脯肉，剔下鸡芽子，割断腿与鸡背部的关节，拉下鸡腿；将鸡腿用刀竖划一刀至骨，剔出大腿骨与小腿骨；将鸡背部的两块栗子肉取下。先将鸡肉剞花刀，逆着鸡的纹路刻刀，然后改丁，这样受热面积增大，成菜嫩而入味。

品菜说典

麻辣子鸡

此菜为湘菜中的经典，以长沙百年老店玉楼东最负盛名，成菜色泽金黄，麻辣鲜香，深为人们所赞许。清末曾国藩之孙——湘乡翰林曾广钧登楼用膳，曾留下脍炙人口的“麻辣子鸡汤饱肚，令人常忆玉楼东”的诗句。故民间有“麻辣子鸡汤爆肚，令人常忆玉楼东”诗句的传颂。后长沙潇湘酒家的厨师精工细作味更佳。民间又流传有这样一首打油诗：“外焦内嫩麻辣鸡，色泽金黄味道新，若问酒家何处好，潇湘胜过玉楼东。”湖南气候潮湿，易患风湿症，因而形成了爱吃辣椒、生姜的习惯。麻辣子鸡这道名菜，充分体现了湖南的地方特点。

小贴士

炒制此菜时要讲求火力的运用，速度要快，口味注重咸鲜、微酸、微甜、香辣，勾兑碗芡，调料要配兑的比例合适，才能突出湘菜的味道。

小窍门

鸡丁重油，第一遍油温不宜过高，目的使鸡丁滑熟；第二遍油温要高，且时间要短，目的是使鸡丁上色，且外焦里嫩；碗汁搅匀，顺锅四周下入，晃勺使淀粉充分“糊化”，四周鼓起大泡即可翻勺出菜。

菜品特色：体态丰满，醇厚浓郁，油润鲜美。

红煨八宝鸡

主料：肥母鸡 1 只（重约 1750 克）。

辅料：猪肥膘肉 100 克，植物油、大葱、净冬笋、白莲、水发冬菇、熟火腿各 50 克，金钩、薏米各 25 克，盐 10 克，酱油、料酒、白糖、甜酒汁各适量，味精 3 克，胡椒粉 5 克，姜适量。

制作过程：

1. 鸡宰杀去骨，取完整鸡。
2. 鸡肉切小块。
3. 金钩泡发；肥膘肉、冬笋、火腿都切成丁。
4. 冬菇去蒂，洗净，切丁；薏米洗净。
5. 大葱剖开，切成 6 厘米长的段；葱、姜拍破。
6. 炒锅置火上，倒入适量油，烧热，下入鸡肉丁和肥膘肉、冬笋、金钩、火腿、冬菇大火煸炒出香味。
7. 烹料酒，加入酱油、盐炒几下。
8. 加入白莲、薏米、味精和胡椒粉拌成馅，灌入鸡腹内。
9. 缝好开口处擦干水。
10. 将鸡身抹上甜酒汁。
11. 锅内倒入适量油，烧热，放入处理好的鸡炸呈浅红色，捞出。
12. 放入垫有竹箅的砂钵内，加入酱油、料酒、白糖、拍破的葱姜和水，大火烧沸，转用小火，煨 2 小时左右即可。

小贴士

肥膘肉中含有多种脂肪酸，能提供极高的热量，并且含有蛋白质、B 族维生素、维生素 E、维生素 A、钙、铁、磷、硒等营养元素。湿热痰滞内蕴者慎服；老年人、孕妇、儿童、肥胖、血脂较高者不宜食用。此外，肥膘肉不宜与乌梅、甘草、鲫鱼、虾、鸽肉、田螺、杏仁、驴肉、羊肝、香菜、甲鱼、菱角、荞麦、鹌鹑肉、牛肉同食。食用肥膘肉后不宜大量饮茶。

菜品特色：肥而不腻，色泽红亮，丝丝蜜甜，香润劲道。

毛氏红烧肉

主料：五花肉300克。

辅料：高汤800毫升，植物油、白糖各20克，大蒜10克，草果、干辣椒、料酒、生抽、蜂蜜、桂皮、大料、盐各5克，鸡精2克。

制作过程：

1 五花肉洗净，冷水下锅，大火煮沸，撇去浮沫，再煮2分钟后，捞出，沥干水分，切2.5厘米见方的肉块。

2 大蒜切成片；干辣椒切碎。准备好蒜片、草果、干辣椒碎、桂皮和大料。

3 锅置火上，倒入适量油，烧热，加入白糖，小火熬化。

4 迅速将肉块倒入翻炒均匀上色。

5 调入料酒、生抽。

6 倒入高汤，大火烧沸。

7 转小火，慢炖1个小时左右。

8 调入蜂蜜、鸡精和盐，装盘即可。

大厨献招：

炒糖一定用小火，并不断翻搅，否则不等泛红，糖就已经糊了。常吃红烧菜又嫌炒糖麻烦的也可一次多炒些糖再加入水烧沸每次放一些就可以了。放冰糖也是为了成品的颜色更红亮。

小贴士

“毛氏红烧肉”属于复合型的味道，它集八角、桂皮、辣椒等多种香味为一体，比我们平时所吃的红烧肉多了许多回味。正宗好吃的“毛氏红烧肉”要有酥烂的口感，烹煮的时间就是个关键，所以在制作的时候不能怕费火、怕费时，一定要充分入味。

菜品特色：鲜咸醇香，酸辣适口，营养丰富。

酸辣鸡丁

主料：鸡腿肉 250 克。

辅料：植物油 80 克，柿子椒 50 克，鸡蛋清、明油各 20 克，淀粉 10 克，醋、香油、酱油、料酒、盐各 5 克，干辣椒、味精各 2 克。

制作过程：

1. 鸡腿肉去骨。
2. 将鸡肉划上花刀，切丁。
3. 把肉丁放入盆中，用蛋清液、淀粉上浆。
4. 柿子椒洗净，切成小块；干辣椒洗净。
5. 锅置火上，倒入适量油，烧热，投入鸡丁滑散，捞出，控油。
6. 锅留底油，放干辣椒，爆香；加入鸡丁及调料翻炒；淋入水淀粉、明油、香油，装盘即可。

小贴士

明油，又称尾油，它是在菜肴烹制勾芡后，根据成菜的具体情况淋入的油脂，如鸡油、姜葱油、麻油、蒜香油、泡椒油等。而淋入尾油这一过程在行业上也称淋油、包尾油、打明油或批油。

左宗棠鸡

主料：鸡腿2只（约500克），干红辣椒30克，蒜瓣20克，鸡蛋1个。

辅料：姜10克，酱油8克，白醋6克，白糖4克，辣椒油5克，干淀粉10克，湿淀粉10克，盐6克，味精2克，香油5克。

制作过程：

1. 盐、味精、白醋、酱油、白糖加清水兑成汁待用；蒜瓣和姜洗净切成米粒状；干红辣椒洗净。
2. 将鸡腿洗净，切成3厘米见方的块，用盐、鸡蛋、干淀粉稍腌，下入八成热的油锅，炸至外焦内嫩时，倒入漏勺沥油。
3. 锅内留油，下姜米、蒜米和干红辣椒，煸炒出香味，倒入味汁，然后下入炸好的鸡块，用湿淀粉调稀勾芡，翻炒几下，淋辣椒油和香油，出锅装盘即成。

品菜说典

左宗棠鸡的发明人是彭长贵，他师事谭厨名家曹荩臣，所烹饪之料理表面上是湘菜，底子是淮扬菜，手法为岭南菜，另外加上自己的创意。20世纪70年代某日，时任台湾地区“行政院长”的蒋经国下班甚晚，带随从到彭长贵开设的彭园餐厅用餐。餐厅原本正准备打烊，当日高档食材都已用尽，只剩鸡腿稍称堪用。彭长贵临场创作，将鸡腿去骨切丁，又将辣椒去籽切段，先炸熟鸡块沥干，然后以辣椒、鸡块、酱油、醋、蒜末、姜末拌炒均匀，最后勾芡并淋麻油，即成一道新菜色。蒋经国食后甚感美味，询问菜名，彭长贵随机反应，借用左宗棠之名为这道菜命名，于是此菜就称“左宗棠鸡”，并成为彭园的招牌菜。

小贴士

鸡腿肉忌与野鸡、甲鱼、芥末、鲤鱼、鲫鱼、兔肉、李子、虾子、芝麻、菊花以及葱蒜等一同食用；与芝麻、菊花同食易中毒；与李子、兔肉同食，会导致腹泻。

榛蘑炖鸡

菜品特色：色泽鲜艳，麻辣味浓，让人齿颊留香。
主料：鸡肉 500 克，干榛蘑 150 克。
辅料：料酒、枸杞、葱花各 5 克，盐 4 克，鸡精 2 克。
制作过程：
1. 干榛蘑泡发，洗净，待用。
2. 鸡肉洗净，斩块，入沸水锅中焯水。
3. 锅置火上，倒入适量油烧热，放入鸡肉，注入适量清水煮开，烹料酒，加入榛蘑、盐、鸡精、枸杞、葱花。
4. 用中火炖至鸡肉熟烂，装盘即可。

大厨献招：
事先用花椒炸制出花椒油更好；榛蘑可以再多加一些，味道更香；还可以用东北人喜欢的宽粉条来炖。

毛豆烧鸡腿肉

菜品特色：口感饱满，醇厚浓郁，油润鲜美。
主料：鸡腿肉 300 克，毛豆 100 克。
辅料：盐 3 克，鸡精 1 克，红油适量。
制作过程：
1. 毛豆洗净；鸡腿肉洗净，斩块，焯水。
2. 锅置火上，倒入适量油，烧热，放入鸡腿肉爆炒片刻。
3. 加入毛豆翻炒，加入适量清水烹煮。
4. 加盐、鸡精、红油调味，装盘即可。

小贴士

一定要将毛豆煮熟或炒熟后再吃，否则，其中所含的某些植物成分会影响人体健康。

啤酒鸭

菜品特色：香辣鲜美，口味滑嫩。

主料：净鸭半只，啤酒 1 瓶。

辅料：香菜、红辣椒、葱段、姜片、蒜苗各 15 克，酱油、蚝油、鸡精、盐、白糖各 5 克。

制作过程：

1. 将鸭子洗净切成块，放入加有葱段的沸水中汆，去腥味。
2. 蒜苗、红辣椒洗净切成片。
3. 香菜洗净切段待用。
4. 锅中注油烧热，下入姜片、红辣椒爆香，放入鸭肉一起炒，加入盐、啤酒、葱段，加盖焖煮至汤水收干。
5. 再加入蒜苗、香菜、酱油、蚝油、鸡精和白糖即可。

芽菜飘香鸡

菜品特色：口感美味，香味宜人。

主料：烧鸡 1000 克，芽菜 200 克。

辅料：青椒、红椒、蒜各 10 克，盐、香辣粉、酱油各适量。

制作过程：

1. 将烧鸡切成块，摆放在盘中。
2. 青椒、红椒、蒜洗净，切丁；芽菜洗净。
3. 锅置火上，倒入适量油，烧热，下入青椒、红椒、蒜爆香。
4. 加入芽菜炒熟。
5. 将芽菜倒入烧鸡上即可。

大厨献招：

芽菜的生长环境是最利于有害细菌的滋生的，所以要注意大火翻炒的过程。

竹签牛肉

菜品特色：质嫩爽口，香辣味浓。
主料：牛肉400克，青辣椒3个，红辣椒4个，姜1块。
辅料：盐5克，淀粉10克，料酒10克，胡椒粉2克，蚝油5克，豆瓣酱2克。
制作过程：
1 牛肉洗净，横切薄片，放入料酒、盐、蚝油、淀粉、胡椒粉腌渍。
2 辣椒洗净，去蒂去籽，切成段；姜洗净切片、丝各少许。
3 锅内加水烧热，将腌好的牛肉、辣椒、姜片一起过水，捞起沥干水分，将辣椒和姜片、牛肉穿在竹签上，摆放盘内。
4 锅烧热放油，加少许豆瓣酱，放入姜丝炒香，放入清水，调入盐、胡椒粉、淀粉调匀，淋在牛肉上即可。

火爆牛肉丝

菜品特色：营养丰富，肉质鲜嫩。
主料：牛肉200克，洋葱50克。
辅料：盐3克，水淀粉、干红椒、生抽、香菜各10克。
制作过程：
1 牛肉洗净，切丝，用盐、水淀粉腌20分钟。
2 干红椒洗净，切段。
3 香菜洗净。
4 洋葱洗净，切丝。
5 锅置火上，倒入适量油，烧热，下干红辣炒香，加入牛肉爆熟。
6 再加洋葱、香菜炒熟。
7 入盐、生抽调味，炒匀，装盘即可。

红烧鱼块

菜品特色：回味悠长，色泽鲜艳，营养丰富。

主料：鱼肉200克，竹笋50克。

辅料：植物油、香菇各30克，酱油、料酒各15克，水淀粉、醋各10克，盐5克。

制作过程：

1. 鱼肉洗净，切成小块，用水淀粉挂糊；竹笋洗净，切成片；香菇洗净，切成小块。
2. 锅置火上，倒入适量油，烧热，放入鱼块炸一下，捞出沥油。
3. 锅底留少许油，放入竹笋、香菇翻炒；加入鱼块，烹入醋、料酒，翻炒至熟。
4. 调入酱油、盐炒匀，装盘即可。

大厨献招：

可在水淀粉里加入少许酱油给鱼块挂糊。

红椒酿肉

菜品特色：色香味俱全，肉质鲜嫩，香辣可口。

主料：红泡椒500克，五花肉300克。

辅料：大蒜50克，植物油、金钩虾各30克，姜、水淀粉、水发香菇各15克，鸡蛋1个，香油、盐各5克，味精3克。

制作过程：

1. 五花肉剁成泥；虾、香菇洗净，剁碎，加入肉泥、鸡蛋、味精、盐，调淀粉成软馅。
2. 红泡椒在蒂部切口，去瓤，填入肉馅，用湿淀粉封口，下油锅，炸至八成熟，捞出。
3. 红泡椒底朝下码入碗内，撒上蒜瓣，上笼蒸透；倒出原汁翻扣在盘中；原汁加入调料勾芡，淋在红泡椒上即可。

毛家豆腐

菜品特色：色香味俱全，香辣可口。
主料：豆腐 200 克，肉末、香菇末、蒜米、红椒米各 50 克。
辅料：豆瓣酱、辣妹子辣椒酱、植物油各 20 克，姜末、淀粉各 15 克，香油 10 克，盐 5 克，上汤适量。
制作过程：
1. 豆腐切三角形；锅中加入适量油烧热，将豆腐入油锅炸至金黄色，捞出。
2. 锅内留少许底油，烧热，放肉末、香菇末、红椒米、蒜米、姜末炒香；加豆瓣酱、辣妹子辣椒酱炒匀；倒入上汤，加入豆腐。
3. 烧至豆腐入味，加盐，用淀粉勾芡，淋入香油，装盘即可。

阿婆红烧肉

菜品特色：鲜香美味，咸甜适口，柔韧不腻。
主料：五花肉 400 克，小白菜 150 克，肉丸 100 克。
辅料：植物油 15 克，白糖 10 克，酱油、红油、盐各 4 克，鸡精 1 克。
制作过程：
1. 五花肉洗净，入沸水锅中，煮至断生，捞出，切成小块。
2. 小白菜洗净，焯熟，摆盘底。
3. 锅置火上，倒入适量油烧热，放入五花肉煸炒；加入肉丸翻炒。
4. 调入盐、鸡精、白糖、酱油、红油炒匀，装盘即可。

大厨献招：
要选用五花三层的五花肉。

虎皮仔姜鸡

菜品特色：色泽鲜艳，香辣味浓。
主料：鸡肉 1000 克，青椒、红尖椒、泡椒、仔姜片各 20 克。
辅料：五香粉、胡椒粉、辣椒粉、辣椒油、姜末、蒜末各 5 克，盐 3 克，酱油 2 克。
制作过程：
1. 鸡肉洗净，切成小块；青椒洗净，切去两端蒂头，入油锅中炸至成虎皮状后盛盘。
2. 红尖椒洗净。
3. 锅置火上，倒入适量油烧热，放姜末、蒜末爆炒，放进鸡肉炒至五成熟。
4. 放进红尖椒、泡椒、仔姜片，加盐、酱油、五香粉、胡椒粉、辣椒粉、辣椒油，大火爆炒 3 分钟，盛起即可。

菜品特色：腊香浓重，咸甜适口，柔韧不腻，稍带厚汁。

腊味合蒸

主料：带皮腊猪肉、净腊鱼肉、腊肠各 200 克，辣椒适量。

辅料：肉清汤、猪油各 30 克，盐 5 克，料酒 5 毫升。

制作过程：

1. 腊肉、腊肠、腊鱼用温水洗净，放入盘内上笼蒸熟取出；腊肉去皮，切薄片；辣椒洗净切碎，放入料酒、盐腌制。
2. 将腊肠切成片。
3. 腊鱼去鳞，去脊背骨，并保持鱼形。
4. 取菜碗，将腊肉、腊鱼、腊肠放碗中。
5. 在碗中放猪油和调好味的肉清汤。
6. 将腌制好的辣椒均匀撒在碗内的肉上。
7. 将大碗放入蒸笼，蒸煮至熟。
8. 取出，翻扣在大瓷盘中即可。

小窍门

洗腊肠的窍门

洗腊肠时，先用干净的抹布沾醋擦拭，然后用热水烫一下，再用干净的干布将水分拭除即可。

肉清汤的做法

选老母鸡，配部分瘦猪肉，用滚水烫过放冷水旺火煮开，去沫，放入葱、姜、料酒，随后改小火，保持汤面微开，熬煮即可。

品菜说典

从前，湖南一小镇上有个叫刘七的乞丐。一日来到省城，因时近年关，人家就把家里腌制的鱼肉鸡拿点给他。刘七便把这些东西一一洗净，加上些许腊味合蒸调料装进蒸钵，蹲在一大户人家屋檐下，生起柴火蒸开了。大户人家闻之见之，非常喜欢这道菜，于是“腊味合蒸”便传开了。

丸子蒸腊牛肉

菜品特色：鲜香美味，香味宜人。
主料：腊牛肉 300 克，丸子 200 克。
辅料：红椒、葱花、香油、香菜各 10 克。
制作过程：
1 腊牛肉洗净，切片。
2 丸子洗净，切片。
3 香菜洗净。
4 红椒洗净，切丁。
5 将切好的腊牛肉片与丸子装入碗中，入蒸锅中蒸 30 分钟。
6 取出，撒上香菜、红椒、葱花、香油即可食用。

莲花糯米排骨

菜品特色：香飘十里，回味悠长。
主料：排骨 500 克，南瓜 500 克，糯米 500 克。
辅料：樱桃 50 克，料酒、叉烧酱、生抽各 10 克。
制作过程：
1 用料酒、叉烧酱和生抽将排骨腌渍一晚。
2 南瓜洗净，切成块状。
3 将腌好的排骨用糯米包裹，外面用切好的南瓜围住放入盘中。
4 将盘放入蒸笼，蒸 1 个小时左右出锅。
5 在其上放上樱桃点缀即可。

小贴士

糯米性黏滞，难于消化，不宜一次食用过多，老人、小孩或病人更应慎用。

菜品特色：肉鲜美而有豉、蒜香味。

豉汁蒸排骨

主料：猪肋排 400 克。

辅料：芡粉 20 克，蒜、葱、姜、红辣椒碎、黄酒各 15 克，陈皮、干豆豉、白糖、生油各 10 克，盐、老抽各 5 克，香油、味精各 2 克。

制作过程：

1 陈皮用热水泡软，切碎末；葱、姜切成片；大蒜切细蓉。

2 排骨用清水浸泡 15 分钟，清洗掉血水。

3 往排骨里面放入干豆豉、陈皮末搅拌。

4 在排骨中放入蒜蓉、黄酒、老抽、盐、味精、白糖、葱姜、香油拌匀，腌制 30 分钟。

5 排骨腌好后，加入芡粉、生油拌匀，码入容器内，上面撒上红辣椒碎。

6 把容器放入屉中，上笼，盖好锅盖，用旺火蒸 35 ~ 40 分钟，取出即可。

大厨献招：

排骨剁块，要用清水浸泡 10 ~ 15 分钟，冲洗干净，这样可去掉一些肉的腥味。

三腊合蒸

菜品特色：回味下饭，老少咸宜。
主料：腊肉 200 克，腊鱼 200 克，腊鸡 200 克。
辅料：盐 3 克，鸡精 2 克，酱油 15 克，辣椒粉 10 克。

1. 将腊肉、腊鱼、腊鸡稍洗，切成件后，装入盘中。
2. 往盘中调入盐、鸡精、酱油、辣椒粉拌匀。
3. 蒸锅上火，放入腊味盘，加盖蒸约 30 分钟。
4. 蒸至熟后，取出即可食用。

咸肉蒸臭豆腐

菜品特色：菜色诱人，让人齿颊留香。
主料：咸肉 200 克，臭豆腐 150 克，剁椒 100 克。
辅料：盐、糖、红油、酱油、葱丝、蒜末各适量。
制作过程：

1. 臭豆腐洗净，切块后铺在盘底。
2. 咸肉洗净，切成薄片后摆盘，加入剁椒。
3. 将臭豆腐、咸肉放入蒸锅中蒸 10 分钟，取出。
4. 用盐、糖、红油、酱油、蒜末调成味汁。
5. 将味汁淋入盘中，最后撒上葱丝即可。

大厨献招：
还可以把咸肉换成大闸蟹蒸来吃，会更鲜的。

红烧肉蒸茄子

主料：茄子300克，五花肉200克。

辅料：植物油30克，酱油、红油各10克，辣椒粉、葱花、盐各5克。

制作过程：

1 五花肉洗净，切成片，用盐、酱油腌渍。

2 茄子去皮，洗净，切段。

3 将切好的茄子按原来的形状摆在盘中，撒上盐、酱油。

4 锅置火上，倒入适量油烧热，放辣椒粉爆香；入五花肉，炒至出油，放入红油翻炒。

5 出锅，摆在茄子上面。

6 将盘子入锅，隔水蒸至肉熟。

7 出锅后，撒上葱花即可。

大厨献招：

茄子也可以先用盐拌均匀。

小贴士

肺结核、关节炎病人忌食。

豉椒武昌鱼

菜品特色：美味可口，色泽鲜艳。
主料：武昌鱼1条，红椒10克，葱1根，姜片10克。
辅料：豆豉20克，盐5克，老抽10克，明油5克。
制作过程：

1 武昌鱼治净。
2 葱洗净切丝。
3 红椒洗净切成粒。
4 鱼用姜片、老抽、盐、葱腌渍。
5 将腌入味的鱼放入盘中，加入豆豉、葱丝、红椒，上锅蒸。
6 等大约半小时，蒸熟后，将鱼盘取出。
7 淋上明油，即可食用。

麒麟鳜鱼

菜品特色：口感美味，香味宜人。
主料：活鳜鱼650克，火腿5克，新鲜香菇10克。
辅料：葱花、姜末各5克，味精、黄酒、胡椒粉各少许，淀粉15克。
制作过程：

1 鳜鱼治净打花刀，摆盘。
2 火腿、香菇均洗净切片，放在鱼身上。
3 将葱花、姜末、黄酒均匀地洒在鱼身上面即可。
4 上蒸锅，蒸大约10分钟。然后将蒸好的原汁加入味精、胡椒粉，勾成薄芡浇上去。

大厨献招：
将鱼去鳞剖腹洗净后，放入盆中倒一些料酒，就能除去鱼的腥味。

美极回头鱼

菜品特色：味道鲜香，让人齿颊留香。
主料：新鲜回头鱼1条，酱辣椒米50克，泡椒米30克。
辅料：盐、味精、麻油、生抽、美极酱油、料酒、姜末、葱花、蒜末各5克。
制作过程：

1 将新鲜回头鱼治净，切成薄片，放入酱辣椒米，泡椒米，抹上盐、味精、料酒、姜、蒜、美极酱油、生抽，腌渍片刻。
2 将腌好的回头鱼放入盘中，放入蒸笼，蒸8～10分钟。
3 去掉蒸烂的姜末，淋上麻油，撒上葱花拿出即可。

菜品特色：色泽红亮，柔韧不腻，稍带厚汁。

湘菜扣肉

主料：带皮五花肉 400 克，小白菜 100 克。

辅料：老抽、蚝油各 6 克，白糖、盐各 5 克。

制作过程：

1. 小白菜洗净，烫熟，装盘。
2. 五花肉处理干净，煮熟。将煮熟的五花肉用小刀由外及内，依正方形绕圈，切薄片。
3. 将切好的肉片朝下放进碗内。
4. 把老抽、蚝油、白糖、盐兑成料汁。
5. 将料汁浇在肉边上。
6. 把碗放入蒸锅，用中火蒸至酥烂，端出碗。
7. 将盘中的小白菜摆放在碗中的肉上面。
8. 把碗中的肉翻扣在大瓷盘中即可。

大厨献招：

五花肉蒸 30 分钟，至烂熟，口感更佳。

小窍门

五花肉最好选用三肥七瘦的，毛一定要先清理干净，可以的话放火上适当烧一下再入清水即可刮干净。

小贴士

肥胖、血脂比较高者不宜多食。

小肚粉蒸肉

主料：五花肉200克，猪肚、糯米粉各50克，夹馍适量。

辅料：植物油30克，青椒、红椒、料酒、老抽各10克，五香粉、葱花、盐各5克，鸡精2克。

制作过程：

1 五花肉洗净，切成片。

2 用料酒、老抽、盐腌渍，用加入了温水的糯米粉和五香粉拌匀。

3 青、红椒洗净，切丁；锅置火上，倒入适量油烧热，放入肉片和青椒、红椒丁拌炒。

4 将猪肚处理干净，用老抽、盐、料酒拌匀，腌渍15分钟。

5 在猪肚里装入五花肉馅儿。

6 将五花肉灌满猪肚，封口。

7 入蒸锅，蒸熟；撒青椒丁、红椒丁、葱花；夹馍蒸熟，装盘即可。

大厨献招：

将碱加入面粉，可以更好地把猪肚洗干净。

小贴士

适合儿童食用，腹胀者忌食。

土豆炖排骨

主料：土豆 400 克，排骨 300 克。

辅料：植物油 15 克，酱油、料酒、盐各 5 克，鸡精 2 克。

制作过程：

1. 排骨洗净，剁块；锅内加水烧热，放入排骨汆水，捞出，沥干水分。
2. 土豆去皮，洗净，切成小块。
3. 锅置火上，倒入适量油烧热，放排骨，滑炒片刻。
4. 放入土豆，调入盐、鸡精、料酒、酱油炒匀，加入清水炖熟。
5. 待汤汁变浓，装盘即可。

大厨献招：

土豆炖至熟软，口感更好。

小窍门

加入土豆后，不要频繁翻炒，否则土豆容易炒烂，影响菜品的整体效果。

小贴士

腹胀者忌食。

农家炖土鸡

主料：土鸡 1000 克，鸡蛋 200 克。

辅料：酱油 15 克，料酒 10 克，盐 5 克，葱 4 克。

制作过程：

1. 土鸡处理干净，剁块。
2. 将鸡块放入沸水锅中，焯一下。
3. 当锅内浮出白色泡沫时，将鸡块捞出，沥水。
4. 将鸡块用盐、酱油、料酒腌渍。
5. 鸡蛋煮熟，剥壳；葱洗净，切段。
6. 锅置火上，放入适量清水烧沸，放入鸡块，调小火。
7. 炖至八成熟，放入鸡蛋，炖熟。
8. 调入盐、酱油、料酒，撒上葱段，装盘即可。

小窍门

辨别土鸡的窍门

从外观上看，土鸡的头很小、体型紧凑、胸腿肌健壮、鸡爪细；冠大直立、色泽鲜艳。仿土鸡接近土鸡，但鸡爪稍粗、头稍大。快速型鸡则头和躯体较大、鸡爪很粗，羽毛较松，鸡冠较小。把鸡宰杀洗净后，土鸡皮薄、紧致，毛孔细，是呈网状排列的。仿土鸡皮较薄、毛也较细，但不如土鸡；土鸡和仿土鸡最重要的特点是肤色偏黄、皮下脂肪分布均匀，而快速型鸡的肤色光洁度较大，颜色也偏白。土鸡和仿土鸡烧好后肉汤透明澄清，脂肪团聚于汤汁表面，有香味，而快速型鸡则肉汤较浊，表面脂肪团聚较少。

菜品特色：制作精细，气味醇香，鲜甜可口。

八宝龟羊汤

主料：乌龟肉（去壳）、净羊肉各 250 克，猪骨清汤 1500 毫升。

辅料：植物油 70 克，料酒 50 克，猪油、淮山药各 25 克，桂圆（去壳）、荔枝（去壳）、党参、薏米、姜片、桂皮各 15 克，盐、香附片 10 克，枸杞、红枣各 10 枚，白胡椒粉 2 克。

制作过程：

1 羊肉用冷水洗净，切约 3.3 厘米长、2.7 厘米宽、2 厘米厚的块。

2 锅置火上，倒入 1000 毫升水，放入羊肉块，大火煮沸，捞出，沥干水分，放在盆内。

3 锅内加水，烧至八成热，放入龟肉，烫一下，捞出，撕去腿上的粗皮，洗净，沥干水分，去掉头、爪，切约 3.3 厘米长、2.7 厘米宽的块。

4 取碗，放入党参、香附片，倒入 200 毫升水，入笼蒸约 30 分钟。

5 将荔枝、桂圆、枸杞、淮山药、薏米、红枣洗净，放入盆内，倒入 250 毫升清水，放入笼蒸约 1 小时。

6 炒锅放在火上，倒入适量植物油，烧至八成热，放入龟肉、羊肉、姜片、盐，爆炒 3 分钟入味，盛入钵内。

7 加入料酒、桂皮和猪骨清汤，置大火上煮沸，转用小火，煮至羊肉熟烂。

8 蒸好的党参、香附片、枸杞、淮山药、薏米等连汤倒入钵内，加入猪油烧沸。

9 放入荔枝、红枣、桂圆，撒上白胡椒粉，装盘即可。

大厨献招：

羊肉、乌龟肉要用沸水烫一遍，去掉血沫；煮时要用小火长时间炖至酥烂为宜。

小窍门

如何除去羊肉腥味

1. 米醋去膻法：将羊肉切块放入水中，加点米醋，待煮沸后捞出羊肉，再继续烹调，也可去除羊肉膻味；2. 绿豆去膻法：煮羊肉时，若放入少许绿豆，亦可去除或减轻羊肉膻味；3. 咖喱去膻法：烧羊肉时，加入适量咖喱粉，一般以 1000 克羊肉放半包咖喱粉为宜，煮熟煮透后即为没有膻味的咖喱羊肉；4. 药料去膻法：烧煮羊肉时，用纱布包好碾碎的丁香、砂仁、豆蔻、紫苏等同煮，不但可以去膻，还可使羊肉具有独特的风味；5. 橘皮去膻法：炖羊肉时，在锅里放入几个干橘皮，煮沸一段时间后捞出弃之，再放入几个干橘皮继续烹煮，也可去除羊肉膻味；6. 核桃去膻法：选上几个质好的核桃，将其打破，放入锅中与羊肉同煮，也可去膻；7. 山楂去膻法：用山楂与羊肉同煮，去除羊肉膻味的效果甚佳；8. 食用前将羊肉切片、切块后，用冷却的红茶水浸泡 1 小时。

菜品特色：口感饱满，汤汁浓白，咸鲜清淡。

石锅鱼

主料：草鱼1条（约1800克），西红柿50克，香菇20克，清汤2250毫升。

辅料：猪油150克，盐15克，红枣、小葱、料酒各10克，胡椒粉、姜片、葱段5克，枸杞20枚，鸡精、味精各3克，鸡蛋1个，淀粉20克。

制作过程：

1 红枣、枸杞用温水泡软；香菇切条，焯水；西红柿洗净，切成片；小葱洗净，切段。

2 草鱼去鳞、鳃和内脏，洗干净，剁去头尾，去骨。

3 鱼肉抹刀片成5厘米长、厚0.3厘米的片；鱼头劈开，鱼骨斩成5厘米长的菱形块，冲洗干净。

4 鱼头、鱼骨用盐、味精、鸡精腌10分钟；鱼片用盐、味精、料酒腌10分钟，用蛋清和淀粉上浆。

5 锅置火上，入油烧至六成热，放入葱段、姜片炒香。

6 倒入鱼骨、鱼头中火煎香；烹入料酒；倒入清汤，中火烧沸。

7 转小火，打去浮沫；调入盐、味精、胡椒粉。

8 待鱼骨煮熟，捞出鱼骨、鱼头，将其放入烧热的石锅内。

9 将腌好的鱼片入鱼骨汤锅内滑熟，同汤一起倒入垫有鱼骨的石锅内；撒上红枣、枸杞、西红柿片、香菇条、小葱段即可。

大厨献招：

石锅鱼的鱼片刀法要求非常高，刀工好的师傅，切出来的鱼片看上去又长又厚，分量特别足。鱼片在入锅前都必须用油沥过一遍。这时鱼片都卷起来，如果选用的鱼不是鲜活的，那么鱼片都是直直的。

小贴士

石锅鱼的石锅选用天然石材，整块打磨而成锅的形状，两侧有耳，比脸盆还要大，浑圆厚实，足足有20斤重。每一张饭桌中间特意设置一个空槽，用来放置石锅，石锅鱼就用空槽里的煤气灶加热。上菜前，石锅须在火上烧热，这个时间可以几十分钟到几个小时。然后再放入饭桌的煤气灶上。石锅的好处，在于是用天然对人体有益的有机矿石雕刻而成，经过煮制食物，会产生对人体有益的钙、锌等矿物质。

品菜说典

石锅鱼

清初康熙年间，长沙湘江畔，有一家小店擅长做一道“石锅鱼”，风味独特。康熙皇帝微服下江南时，在这间小店尝了这道菜，感觉味道鲜美无比，龙颜大悦，故欣然提笔将这道菜赋名为“金福鱼”。此后，“石锅鱼”也就变成“金福鱼”了，而这家小店也因此得名为“金福林”。

菜品特色：香辣可口，回味悠长，咸鲜清淡。

干锅腊肉茶树菇

主料：腊肉400克，茶树菇200克。

辅料：青、红椒各30克，植物油、大蒜各15克，盐5克，鸡精3克。

制作过程：

1. 腊肉刮皮，处理干净。
2. 将处理好的腊肉放入蒸锅，蒸熟。
3. 将蒸熟的腊肉取出，切成薄片。
4. 茶树菇洗净，切段。
5. 青椒、红椒洗净，切圈；大蒜去皮，洗净。
6. 锅置火上，倒入适量油，烧热，放入腊肉，煸炒至八成熟。
7. 加入茶树菇同炒；调入盐、鸡精调味。
8. 放入青椒、红椒、大蒜，炒至入味即可。

大厨献招：

茶树菇泡发后要去蒂。

小贴士

茶树菇不易消化，肠胃功能不好者宜少食。

干锅老干妈肥肠

主料：猪大肠 300 克。

辅料：植物油 30 克，老干妈豆豉、蒜粒各 20 克，姜片、盐各 5 克，鸡精 2 克。

制作过程：

1 猪大肠洗净，放入沸水中汆烫。

2 猪大肠煮熟后，取出，切成段状。

3 锅置火上，倒入适量油烧热，放入肥肠，炸熟，捞出，沥干。

4 另起锅，放入少量油烧热，放入蒜粒炒香。

5 锅内留少许底油，放入老干妈豆豉、姜片炒香，加入肥肠。

6 调入盐、鸡精，炒至入味，装盘即可。

大厨献招：

洗肥肠的里面时，可将其一头套在拇指上，一边顶，另一只手一边往外拉；干锅底座最好用微火，如果锅内有烧干的迹象，可把先前煮肥肠剩下的卤汁从锅沿浇下少许。

菜品特色：肉质软嫩，肥瘦相宜，软嫩可口。

干锅湘之驴

主料：驴肉 400 克，红椒 100 克。

辅料：蒜苗 40 克，植物油 30 克，熟芝麻、料酒、酱油各 15 克，盐 5 克，鸡精 2 克，干辣椒 15 克。

制作过程：

1 驴肉洗净，顺纹路切成 4 厘米长、1 厘米宽的条，将驴肉放入沸水锅内焯水，再加整干椒、清水放入高压锅内压 10 分钟至九成熟，捞出，备用。

2 红椒洗净，切圈；蒜苗洗净，切段。

3 锅置火上，入油烧至七成热，放入驴肉煸炒至熟。

4 加入红椒、蒜苗翻炒；调入盐、鸡精、料酒、酱油，同炒至入味。

5 将炒好的料倒入准备好的干锅中。

6 撒上熟芝麻，装盘即可。

大厨献招：

驴肉可以用淡盐水浸泡一会儿，以去其腥味。

小贴士

皮肤瘙痒症患者忌食。

油炸臭豆腐

主料：臭豆腐 1000 克。

辅料：植物油、辣椒油各 20 克，酱油、盐各 5 克，鸡精、香油各 2 克，青矾适量，卤水 100 克。

制作过程：

1. 青矾加入沸水搅匀。
2. 放入臭豆腐，浸泡 2 小时，捞出冷却。
3. 将捞出的臭豆腐放入卤水，浸泡。
4. 卤好后，用冷沸水将臭豆腐清洗一下，沥干水分，备用；洗后的水留着继续洗，洗到水浓时，倒入卤水内。
5. 辣椒油、酱油、香油、鸡精和适量清水兑汁；卤豆腐入沸锅，油炸 5 分钟，沥油。
6. 将豆腐摆放在盘中，用筷子在豆腐中间捅一个眼。
7. 将辣椒油淋在豆腐眼内，装盘即可。

大厨献招：

炸制过程要不断翻动。

小贴士

臭豆腐发酵过程易受污染，多吃无益，应少食。

菜品特色：莲白透红，莲子粉糯，清香宜人。

冰糖湘莲

主料：湘白莲 200 克，冰糖 300 克。

辅料：鲜菠萝 50 克，豌豆、樱桃、桂圆各 30 克，植物油 15 克。

制作过程：

1. 莲子去皮去芯，加入温水，蒸至软烂。
2. 桂圆温水洗净，浸泡 5 分钟，滗水。
3. 菠萝去皮，切丁。
4. 锅置中火，倒入 500 毫升水，放入冰糖煮沸，去糖渣，将豌豆、樱桃、桂圆、菠萝加入冰糖水中，大火煮开。
5. 熟莲子加入煮开的冰糖及配料中，煮至莲子浮在上面，装盘即可。

品菜说典

此菜在明清以前，就比较盛行，最早称“粮莲心”，不过当时制作较简单，自近代才用冰糖制作，故称“冰糖湘莲”。如今不仅在湖南，而且在全国和海外也有很高声誉。

小窍门

洗莲子的窍门

莲子加入温水和纯碱，用毛刷刷洗，可以清洗得更干净。

小贴士

莲子与牛奶同服会加重便秘。

菜品特色：脆中带酥，低糖爽口，香气宜人。

花生芝麻糖

主料：花生米、黑芝麻、白芝麻各 200 克。

辅料：糖 200 克。

制作过程：

① 烤箱预热 150℃，放花生米烤 15 ~ 20 分钟，去皮，压碎。

② 将黑芝麻和白芝麻混合，一同放入锅中炒熟。

③ 把炒熟的芝麻盛出，与花生米碎一起搅匀。

④ 锅置火上，烧热，放入适量糖和水，大火煮沸，不停搅拌。

⑤ 再转用小火，加盖，煮至糖浆浓稠，略显淡黄为佳。

⑥ 分次加入花生米芝麻碎拌匀。

⑦ 不断翻炒花生米芝麻碎，观察花生米芝麻碎的黏稠程度，至拉出糖丝为止。

⑧ 在干净容器内抹油，舀入糖浆。

⑨ 待容器内的花生米芝麻碎冷却后，扣到干净的案板上。

⑩ 将花生芝麻碎冷却片刻，至半凝固，然后将其切成小块，装盘即可。

大厨献招：

糖块略温时切割，可避免碎散。

小贴士

吃糖过多易导致蛀牙，食用要适量。

珍珠烧卖

主料：糯米 900 克，面粉 500 克，猪膘肉 200 克。
辅料：酱油 15 克，白胡椒粉 5 克。
制作过程：

1 猪肉切小丁，炒至七成熟；糯米浸泡 4 ～ 8 小时，沥干水分。

2 锅置火上，在盆中倒入适量清水，放入糯米，大火蒸 40 分钟，撒少量沸水，再蒸 20 分钟，将蒸好的糯米饭、酱油、白胡椒粉、猪肉丁拌成肉馅。

3 在盆内放入适量面粉，用 200 毫升水和匀。

4 将盆内面粉和成软硬适中的面团备用。

5 将面团搓成条，摘 50 个剂子。

6 撒干面粉，杖擀成直径 8 厘米、边沿薄中间厚的圆皮。

7 左手拿住圆皮，包入馅料。

8 将圆皮掐成包口处呈圆形张开状。

9 包好馅儿后，将其依次摆入蒸屉中。

10 将蒸屉放进蒸笼，蒸 15 分钟即可。

大厨献招：
烧卖皮要擀薄，包馅时注意造型美观；糯米浸泡要适度，既要泡透，也不能泡过。一般夏季浸泡 3~4 小时，其他季节要浸泡 7~8 小时即可。

小贴士

烧卖的来历，或以为起源于宋、元之际，元人著作中即有这一道点心的记载，再往上溯，便无考了。不过，吴自牧撰《梦梁录》中记载了南宋杭州街市上有卖“裹蒸”的摊贩，其内裹的是什么不得而知，顾名思义，或许正是烧卖。但湘菜中的烧卖与其他地区是不同的，它以糯米做馅。

农家粉煎肉

菜品特色：肥而不腻，鲜香微辣。

主料：猪肋条肉500克，糯米粉、红曲米粉各30克。

辅料：植物油20克，料酒、生抽、盐、糖、辣椒油各5克，大料、葱、姜、胡椒粉、豆腐乳各4克。

制作过程：

1. 锅置火上，倒入适量油烧热，下糯米粉、红曲米粉、大料炒酥，压成细粉。
2. 猪肉切大片，加入胡椒粉、豆腐乳、料酒、生抽、盐、糖、辣椒油、姜葱汁，腌20分钟。
3. 猪肉拌上炒好的米粉，再放在铁箅子上，用稻草灰熏制半熟。
4. 熏好的猪肉入煎锅，煎至两面发黄、出香、吐油即可。

大厨献招：

猪肉腌制时间要足，否则会影响口感。

小贴士

猪肉与虾同食令人滞气。

口蘑红汤面

菜品特色：肉嫩味鲜，色香味俱佳。

主料：韭菜叶面400克，肥瘦肉100克。

辅料：植物油、熟鸡肉各20克，料酒、火腿、玉兰片、口蘑各10克，甜酱油、咸酱油、盐、胡椒粉各5克，高汤适量。

制作过程：

1. 口蘑泡发洗净，切成片，水留用，煮熟玉兰片。
2. 肉、火腿、玉兰片切指甲片。
3. 锅置火上，倒入适量油烧热，焖干猪肉水分，加入盐、料酒再焖；放入甜酱油、咸酱油、胡椒粉、口蘑水、高汤、口蘑炒至肉粑味正。
4. 加入火腿片、鸡肉片、玉兰片，拌成面料。
5. 韭菜叶面煮熟，拌料食用即可。

剁椒鱼头

主料：鲢鱼头 1 个（约 1200 克），湖南特制剁椒 50 克，清汤 1000 毫升。

辅料：色拉油 60 克，豆豉 30 克，姜 10 克，蒜、盐、葱各 5 克，料酒 3 克。

制作步骤：

① 将鱼头切下，处理干净。

② 把鱼头切成两半，鱼头背面相连。

③ 葱切碎；姜块切末；蒜剁细末。

④ 盐倒入掌心，揉开，涂抹鱼头内外。

⑤ 将鱼头放在碗里，然后抹上色拉油。

⑥ 在鱼头上撒上剁椒、姜末、盐、料酒。

⑦ 在鱼头上，撒上一些豆豉。

⑧ 锅置火上，加水烧沸，将鱼头连碗一同放入锅中蒸约 10 分钟；将蒜和葱碎铺在鱼头上，再蒸 1 分钟，从锅中取出碗即可。

大厨献招：

鱼头要去掉鱼鳃，否则烹饪时鱼腥味和土腥味会很重。

秘制鱼头

主料：鱼头 500 克，青、红剁椒 100 克。

辅料：油 20 克、酱油、料酒各 10 克，盐 5 克，胡椒粉 2 克，葱花、葱段、蒜、姜各适量。

制作过程：

1. 蒜瓣洗净，切末；姜切末。
2. 鱼头处理干净，去腮，特别是鱼身部分腹内的黑膜，一定要刮干净。
3. 将鱼头放在碗里，然后抹上油。
4. 蒸鱼盘铺垫姜末及葱段，放上鱼头，撒上少许胡椒粉，轻拍少许料酒，腌制 10 分钟。
5. 蒸锅内入水烧沸，将蒸鱼盘放入，撒上蒜末和姜末，大火蒸熟。
6. 鱼头蒸 3 分钟，开盖将蒸盘内渗出的腥汁水倒掉。
7. 将青、红两色剁椒分铺半边鱼头，蒜末撒其上，加盖继续蒸。
8. 蒸制 10 ~ 12 分钟左右，熄火，虚蒸 1 ~ 2 分钟，撒上葱花，浇上滚油即可。

双色鱼头

主料：鲢鱼头 1 个（约 1200 克），熟燕饺 10 个。

辅料：泡椒 100 克，酱椒 50 克，鸡油、明油各 15 克，料酒 10 克，盐 5 克，味精 2 克，葱花适量。

制作过程：

1 鱼头剖开，去鳃，从鱼头背切开，洗净；用盐、味精、料酒腌 20 分钟。

2 将鱼头平放入盘内，再将腌好的泡椒撒在一侧鱼头上。

3 在另一侧撒上酱椒，使两边颜色对比强烈。

4 洒一些鸡油，上蒸笼，大火蒸 20 分钟。

5 在鱼盘周围放上 10 个熟燕饺，撒上葱花。

6 装盘，浇明油即可。

大厨献招：

剁椒、泡椒不要混合。

小贴士

鲢鱼属高蛋白、低脂肪、低胆固醇鱼类，对心血管系统有保护作用；鲢鱼富含磷脂及可改善记忆力的脑垂体后叶素，特别是其头部的脑髓含量很高，经常食用，能暖胃、祛头眩、益智商、助记忆，延缓衰老；鲢鱼肉还有疏肝解郁、健脾利肺、补虚弱、祛风寒、益筋骨的作用。

菜品特色：鲜美香浓，咸鲜微辣。

衡东黄剁椒蒸鱼头

主料：鱼头 500 克，黄剁椒 60 克。

辅料：料酒 15 克，酱油、醋各 10 克，葱、盐各 5 克，香油、味精各 2 克，明油 10 克。

制作过程：

1. 将鱼头切下，处理干净。
2. 把鱼头切成两半，鱼头背面相连。
3. 用盐、味精、酱油、料酒、醋拌匀腌渍 40 分钟，再在鱼头上刷上一些明油。
4. 葱洗净，切末。
5. 将腌渍入味的鱼头放入盘中，铺上黄剁椒。
6. 蒸锅内入水烧沸，将蒸鱼盘放入，在盘中淋上一些香油。
7. 盖上锅盖，大火蒸 30 分钟，蒸熟。
8. 装盘，撒上葱末即可。

大厨献招：

蒸时要用旺火，鱼肉才鲜香嫩滑。

小贴士

鱼头中含有被誉为“脑黄金”的多不饱和脂肪酸 DHA，对健脑有很好的作用。

菜品特色：香辣可口，口感饱满，回味悠长。

椒香鱼头

主料：花鲢鱼头 1 个（约 1200 克），油辣椒、芹菜各 50 克。

辅料：植物油、黄酒各 30 克，淀粉、白糖各 15 克，花椒、干辣椒、泡辣椒各 10 克，老姜、蒜、盐各 5 克，鸡精 2 克，明油 10 克。

制作过程：

1. 将花鲢鱼鱼头切下，处理干净。
2. 鱼头剖成两半，鱼头背面相连。
3. 将切好的鱼头铺在盘中，刷上一些明油。
4. 泡辣椒切碎；干辣椒、芹菜均切段；老姜切末；蒜切成片。
5. 淀粉加水，兑成芡汁。
6. 锅置火上，入油烧至五成热，放入泡辣椒末、油辣椒、蒜片、姜末、花椒。
7. 用小火慢炒至呈深红色，加入约 500 毫升汤或水。
8. 下鱼头、盐、白糖、黄酒；用小火烧熟至汁浓，将鱼头盛出，装盘。
9. 将芹菜放入锅内，略烧；放鸡精炒匀，勾芡，淋在鱼头上；将干辣椒段炸成红褐色，淋在鱼头上即可。

大厨献招：

鱼肉质细，纤维短，极易破碎，切鱼时应将鱼皮朝下，刀口斜入，最好顺着鱼刺，切起来更干净利落；鱼的表皮有一层黏液非常滑，所以切起来不太容易，若在切鱼时，将手放在盐水中浸泡一会儿，切起来就不会打滑了。

小贴士

支气管哮喘症患者要谨慎食用。

第三章

家常湘菜

菜品特色：咸鲜微辣，鲜嫩可口，让人齿颊留香。

酱香蹄花

主料：猪蹄肉 300 克。

辅料：红油 100 克，植物油 30 克，豆豉、芝麻、红椒、黄椒、芹菜、葱花各 10 克，盐 5 克，卤水适量。

制作过程：

1 猪蹄肉处理干净，焯水，在大碗中配置一些卤汁备用。

2 锅置火上，倒入适量水，煮沸，放入猪蹄，调入一些卤汁。

3 将卤熟的猪蹄肉切成片，摆入盘中。

4 锅置火上，倒入适量油烧热，放入豆豉炒香；倒入切碎的红椒、黄椒、芹菜翻炒。

5 将炒香的菜盛入盆内，放入红油和盐调匀，入味。

6 将菜淋在肉片上，撒上芝麻、葱花即可。

大厨献招：

若加入熟花生碎，会让此菜更美味。

小贴士

猪蹄不可与甘草同吃，否则会引起中毒。

菜品特色：清爽开胃，质嫩爽口，味道鲜美。

湘园层层脆

主料：猪耳 200 克，黄瓜 100 克。

辅料：植物油 15 克，酱油、干红椒各 10 克，辣椒酱、豆瓣酱、盐各 5 克，八角、茴香、辣椒、老姜、丁香、草果、陈皮各 2 克。

制作过程：

1. 猪耳处理干净；黄瓜洗净，切成片。
2. 将八角、茴香、辣椒、老姜、丁香、草果、陈皮装入小调料包。
3. 锅置火上，倒入适量油烧热，下干红椒爆香。
4. 倒入适量水，煮沸，放入调料包，加入酱油、猪耳煮开。
5. 卤 15 分钟，取出猪耳，切成片。
6. 将猪耳和黄瓜一片隔一片摆入盘中。
7. 吃时配以豆瓣酱与辣椒酱调成的味汁即可。

小贴士

猪耳含有蛋白质、脂肪、碳水化合物、维生素及钙、磷、铁等，具有健脾胃的功效，适合气血虚损、身体瘦弱者食用。猪耳很有营养，并且口感非常好，尤其是当凉菜吃的“卤猪耳”，吃到嘴里是又柔韧又脆，味道鲜香不腻，且富含胶质。

老干妈淋猪肝

主料：卤猪肝 250 克。

辅料：植物油、小米辣、老干妈豆豉酱各 15 克，生抽、红油各 10 克，盐、姜丝、小葱各 5 克，味精 2 克。

制作过程：

1 卤猪肝洗净，切成片。

2 将切好的猪肝用沸水焯一下。

3 将焯熟的猪肝捞出，沥干水分，装盘。

4 小米辣洗净，切圈待用；小葱洗净切成葱花，备用。

5 锅置火上，倒入适量油烧热，入姜丝爆香，调入老干妈豆豉酱。

6 将炒好的豆豉酱盛入碗中，再放入小米辣圈、生抽、红油、味精、盐，制成味汁。

7 将味汁均匀淋在猪肝上。

8 撒上葱花，装盘即可。

大厨献招：

放一些姜丝，口感更佳，又可除去猪肝腥味。

小贴士

高血压、高脂血症患者忌食。

湘卤牛肉

菜品特色：油而不腻，肉质鲜美。
主料：牛肉 500 克。
辅料：植物油 20 克，葱花、姜、料酒、蒜、辣椒油、酱油、盐各 5 克，鲜汤适量。
制作过程：
1 牛肉洗净，切成小块，煮熟。
2 锅置火上，倒入适量油烧热，爆香葱、姜、蒜，淋上料酒；加入酱油、盐；加入鲜汤、牛肉，大火煮 30 分钟。
3 待肉和汤凉后，捞出牛肉块，切薄片。
4 装盘，淋上辣椒油即可。

酥椒鸭脖

菜品特色：清爽开胃，味道鲜美。
主料：鸭脖 300 克，生菜 100 克。
辅料：花生米、青椒、植物油各 20 克，辣椒酱、酱油、白芝麻、盐各 5 克，鸡精 2 克。
制作过程：
1 鸭脖子处理干净；生菜洗净；花生米去皮；青椒洗净。
2 锅置火上，倒入适量清水，调入酱油、鸡精、盐，放入鸭脖，卤熟；取出切段，摆在生菜叶上。
3 锅下油，烧热，放入白芝麻、花生米、青椒炒香。
4 调入辣椒酱炒匀，盛在鸭脖上即可。
大厨献招：
腌渍鸭脖时加入少许五香粉，味道更好。

风味麻辣牛肉

菜品特色：麻辣鲜香，开胃下酒。
主料：熟牛肉 250 克。
辅料：红辣椒粒、酱油各 30 克，香菜 20 克，葱、香油、熟芝麻、辣椒油各 10 克，椒盐粉 5 克，味精 2 克。
制作过程：
1 熟牛肉切成片；葱洗净，切段。
2 将味精、酱油、辣椒油、椒盐粉、香油调匀，制成调味汁。
3 牛肉摆盘，浇调味汁，撒熟芝麻、红辣椒粒、香菜、葱段即可。
大厨献招：
用盐、糖将漂净血水的牛肉丁腌 2 个小时后再烹制，牛肉吃起来非常软嫩。

小贴士
皮肤病患者忌食牛肉。

湘水牛肉

菜品特色：口感独特，肉质鲜美。
主料：牛肉 250 克。
辅料：植物油 15 克，葱、蒜头、辣椒、酱油、辣椒油各 10 克，盐 5 克，味精 2 克。
制作过程：
1 牛肉洗净，入盐水中煮熟，取出，切成片，装盘。
2 葱洗净，切段；蒜头洗净，切成片；辣椒洗净，切圈。
3 锅置火上，倒入适量油，烧热，放入辣椒、蒜头爆香。
4 放盐、味精、酱油、辣椒油、葱调成味汁，淋在牛肉上即可。

豆芽拌耳丝

菜品特色：制作精细，口感极佳。
主料：猪耳300克，豆芽200克。
辅料：酱油、辣椒油、红椒、植物油各10克，醋、盐各5克，味精、香油各2克。
制作过程：

1. 猪耳洗净，切丝；豆芽洗净，掐去尾部；红椒洗净，切丝。
2. 锅置火上，倒入适量清水，烧沸，分别放入猪耳、豆芽、红椒煮熟，捞起，沥干水分，装入盘中。
3. 向盘中调入盐、味精、酱油、醋、辣椒油、香油，拌匀即可。

大厨献招：
加入料酒，会让此菜更美味。

小贴士
高血脂、高血压、高血糖患者忌食。

鱼子莴笋

菜品特色：气味浓香，口感独特。
主料：莴笋300克。
辅料：红椒、鱼子、植物油各20克，盐5克，味精2克。
制作过程：

1. 莴笋去皮，洗净，切条；鱼子处理干净；红椒去蒂，洗净，切丁。
2. 锅置火上，倒入适量清水，烧沸，放入莴笋焯熟，摆盘。
3. 锅下油烧热，放入鱼子、红椒滑炒，调入盐、味精略炒，均匀地淋在盘内莴笋上即可。

大厨献招：
不要选用空心的莴笋。

香辣藕条

菜品特色：质嫩爽口，麻辣鲜香。

主料：莲藕250克。

辅料：水淀粉30克，干红椒、植物油各20克，老抽、香菜、盐各5克，味精2克。

制作过程：

1 莲藕去皮，洗净，切小段，烫熟，裹上水淀粉；干红椒洗净，切小段；香菜洗净，切段。

2 锅置火上，倒入适量油，烧热，放入干红椒炒香，捞起；放入莲藕炸香，入盐、老抽翻炒，调入味精。

3 装盘，撒上干红椒、香菜即可。

大厨献招：

藕切后要泡在水中，以免发黑。

小贴士

脾胃虚寒者不宜多吃莲藕。

美味竹笋尖

菜品特色：清香可口，色泽鲜艳。

主料：竹笋尖300克，红椒、香菜各30克。

辅料：盐、白醋各5克，香油2克。

制作过程：

1 竹笋尖洗净，切条；红椒去蒂，洗净，切丝；香菜洗净，切段。

2 锅置火上，倒入适量清水，烧沸；加入盐，分别将竹笋尖、红椒焯熟，捞出，沥干水分，装盘。

3 加入少许盐、白醋、香油拌匀，撒上香菜段即可。

大厨献招：

选购竹笋首先看色泽，黄白色或棕黄色、具有光泽的为上品。

凉拌米豆腐

菜品特色：气味浓香，口感独特。
主料：米豆腐 200 克。
辅料：干辣椒末、酥花生米各 15 克，辣椒油 10 克，醋、葱花、盐各 5 克，鸡精 2 克。
制作过程：
1. 米豆腐洗净，切成小块，装盘中。
2. 碗中加入干辣椒末、酥花生米，调入盐、鸡精、辣椒油、醋兑成汁。
3. 浇在米豆腐上，撒上葱花即可。

大厨献招：
加入香菜，会让此菜更美味。

小贴士
腹泻者忌食米豆腐。

香辣豆腐泡

菜品特色：鲜香美味，香辣开胃。
主料：豆腐泡 400 克。
辅料：辣椒油 10 克，盐、香菜、蒜、葱各 5 克，味精 4 克，高汤适量。
制作过程：
1. 豆腐泡放入高汤中，煮透，捞出，沥干水分。
2. 香菜、蒜、葱均洗净，切末，与其余调料一起拌匀。
3. 将拌好的味汁淋在煮好的豆腐泡上，装盘即可。

大厨献招：
豆腐入沸水中焯一下可去除豆腥味，而且在之后的烹调过程中不易碎。

酸辣嫩腰片

菜品特色：爽滑酥嫩，肉汁四溢。

主料：猪腰400克，熟白芝麻30克。

辅料：辣椒油15克，醋、料酒、花椒各10克，酱油、盐各5克，味精2克。

制作过程：

1 猪腰洗净，剖开，去掉表皮筋膜及腰臊，切大薄片。

2 锅置火上，倒入适量清水，放入料酒、花椒，烧沸。

3 放入处理好的猪腰片，烫至发白且熟，捞起凉凉，装盘。

4 将剩余调料一起拌匀，淋在猪腰片上，再撒上熟白芝麻，拌匀即可。

大厨献招：

猪腰片要入沸水中烫至熟烂，否则口感不佳。

小贴士

血脂偏高、高胆固醇患者忌食。

皮蛋拌折耳根

菜品特色：口感美味，香味宜人。

主料：折耳根120克，皮蛋100克。

辅料：红椒5克，生抽4克，香油2克，盐、香菜各3克。

制作过程：

1 折耳根洗净切段，用盐腌一会儿，再洗净盛盘。

2 皮蛋洗净，去壳，切成小瓣，放在折耳根旁，摆盘。

3 红椒洗净，切圈。

4 香菜洗净，备用。

5 油锅烧热，入红椒炒香，下盐、生抽、香油调成味汁备用。

6 将味汁淋在折耳根上，放上香菜即可。

小炒鸡胗

主料：鸡胗 400 克，野山椒、蒜苗段各 50 克。
辅料：青椒、红椒各 30 克，植物油 15 克，老抽、料酒、盐各 5 克，鸡精 2 克。
制作过程：

1. 鸡胗处理干净，切成片。
2. 将切好的鸡胗焯水，捞出，沥干水分备用。
3. 用盐、料酒、老抽将鸡胗片腌渍片刻。
4. 青椒、红椒去蒂，洗净，切圈。
5. 锅置火上，倒入适量油，烧热，放入野山椒、青椒、红椒、蒜苗段，翻炒至熟。
6. 再放入鸡胗，炒至五成熟，调入盐、鸡精、老抽炒香，装盘即可。

大厨献招：
鸡胗要反复清洗几次，才能洗净；用加了料酒的清水泡鸡胗，可去腥味。

小窍门
小炒菜一般要求大火快速操作。

小贴士
肠胃不好者应少食。

油酥火焙鱼

主料：火焙鱼400克。

辅料：植物油1000克，料酒50克，香油、姜、葱、大蒜、鲜紫苏叶各30克，小红椒、白醋各25克，盐5克，味精2克。

制作过程：

1. 小红椒、葱、姜和蒜、鲜紫苏叶洗净，均匀切末。
2. 将火焙鱼放入盆中，浸泡片刻，清洗干净。
3. 锅置火上，倒入适量油，烧热，放入火焙鱼。
4. 当火焙鱼炸至焦酥时，捞出，滗去油。
5. 另起锅，放入少许油烧热，倒入火焙鱼，翻炒，放入切好的小红椒、葱、姜、蒜，翻炒片刻。
6. 加入盐、味精、白醋、香油，翻拨几下。
7. 撒上紫苏叶末翻炒，收干汁，装盘即可。

小贴士

火焙鱼是湖南的特产，是将河塘里长的小的肉嫩子鱼去掉内脏，用锅子在火上焙干，冷却后，以谷壳、花生壳、橘子皮、木屑等薰烘而成的鱼，加工后的火焙鱼半干半湿，外黄内鲜，口感熏香。

菜品特色：口感饱满，回味悠长，咸甜适中。

青椒炒削骨肉

主料：猪排骨 750 克，青椒 150 克。

辅料：植物油 50 克，蚝油、水淀粉各 10 克，姜、蒜、盐各 5 克，香油、味精各 2 克，料酒 5 克。

制作过程：

1. 猪排骨处理干净，放入沸水中，煮至六成烂时捞出。
2. 将捞出的排骨冷却，取肉，拆碎。
3. 青椒洗净，切圈；蒜、姜切末。
4. 锅置火上，入油烧至六成热，入姜、蒜末炒香；放入削骨肉；烹入料酒，略炒。
5. 加入青椒、蚝油、盐、味精，翻炒至熟。
6. 用水淀粉勾芡，淋上香油，装盘即可。

大厨献招：

猪排骨在煮时不宜太烂，能取肉即可；碎肉在烹制时一定要煸香。

小贴士

猪肉烹调前莫用热水清洗，因猪肉中含有一种肌溶蛋白的物质，在 15℃以上的水中易溶解，若用热水浸泡就会散失很多营养，同时口味也欠佳。

烟笋炒腊肉

主料：腊肉 300 克，烟笋 100 克。

辅料：青椒、红椒、蒜薹各 30 克，植物油 15 克，大蒜、盐、老抽各 5 克，香油、鸡精各 2 克。

制作过程：

1 腊肉洗净煮熟，切成片。

2 烟笋泡发，切成片；蒜薹洗净，切段。

3 青椒、红椒均去蒂，洗净，切圈；大蒜去皮，洗净，切成片。

4 锅置火上，入油烧至八成热，放入大蒜、腊肉爆香。

5 再放入烟笋、青椒、红椒炒香；下蒜薹，炒至断生。

6 调入盐、鸡精、香油、老抽炒匀，起锅，装盘即可。

大厨献招：

腊肉烙去残毛后用刀刮洗干净，可以除去黑色。

小贴士

烟笋要发好，用汤入味，否则口感不好。

香辣虾

主料：虾 400 克。

辅料：蒜苗、干辣椒各 50 克，植物油 20 克，料酒 10 克，酱油、盐各 5 克，味精 2 克。

制作过程：

1. 干辣椒洗净，切圈；蒜苗洗净，切段。
2. 将虾处理干净，放入清水中浸泡片刻，捞出沥干水。
3. 锅置火上，倒入适量植物油，烧热，下干辣椒炒香。
4. 倒入虾，炒至金黄色。
5. 放入蒜苗一起炒匀，倒入酱油、料酒，炒熟。
6. 调入盐、味精，装盘即可。

大厨献招：

在处理虾的时候，开背（用刀将虾背切开一定深度，将一条黑色的线去除）不仅可以去除虾线，还能使虾肉更加入味。加入一些香油，此菜味更美。

小贴士

腐败变质的虾不可食。色发红、身软、掉拖的虾不新鲜，尽量不吃。虾背上的虾线应挑去不吃。虾为发物，染有宿疾者不宜食用。

酸辣藕丁

主料：莲藕 150 克。

辅料：植物油、干辣椒、红椒、青椒各 20 克，醋、花椒、盐各 5 克，味精、香油各 2 克。

制作过程：

1. 莲藕洗净，切丁。
2. 将莲藕丁放入清水中，浸泡片刻，洗净，备用。
3. 干辣椒切开；青椒、红椒洗净，切丁。
4. 锅置火上，倒入适量油，烧热，加入藕丁翻炒，待炒软。
5. 入干辣椒炒香，入青椒、红椒，拌炒 2 分钟。
6. 调入醋、花椒、盐、味精、香油，翻炒至香味散发，装盘即可。

大厨献招：

选用大一点儿的莲藕，做出来的口感更佳。

小窍门

保存鲜藕的窍门

将鲜藕的泥土清洗干净，根部朝下放入水缸或是水桶中，用清水淹没，每隔 5～6 天换一次水。这种方法在冬天可让藕存两个月，在夏天只要勤换水，让藕保存半个月也是没有问题的。

小贴士

莲藕洗净削皮后，要及时烹饪，否则会变黑。

干锅萝卜片

菜品特色：香气浓郁，麻辣味厚。

主料：白萝卜 300 克，五花肉 200 克，辣椒 1 个。

辅料：老干妈豆豉 2 克，料酒 3 克，香油 10 克，盐 4 克，指天椒 10 克，姜 8 克。

制作过程：

1. 白萝卜洗净，切片，焯水。
2. 五花肉洗净，切片。
3. 姜洗净，切末。
4. 起油锅，五花肉炒香，下老干妈豆豉、辣椒、指天椒、姜末烧出色，调入料酒。
5. 下萝卜片稍炒，加适量水，旺火烧至色红亮，淋上香油，装入铁锅，上酒精炉。

大厨献招：

猪肉要按肉的纹理切，否则炒出来嚼不动。

豆角碎炒肉末

菜品特色：色泽鲜艳，回味悠长。

主料：豆角 300 克，瘦肉、红椒各 50 克。

辅料：盐 5 克，味精 2 克，姜末、蒜末各 10 克。

制作过程：

1. 将豆角择洗干净，切碎。
2. 瘦肉洗净，切末。
3. 红椒洗净切碎，备用。
4. 锅上火，油烧热，放入肉末炒香，加入红椒碎、姜末、蒜末一起炒出香味。
5. 放入鲜豆角碎，调入盐、味精，炒匀入味即可出锅。

大厨献招：

豆角用微波炉加热可以减少烹饪时间，而且可减少其水分，比焯水口感更佳，干香，有干煸油炸的感觉。

蒜头豆豉爆香肠

菜品特色：菜鲜油亮，口感极佳。

主料：香肠 300 克。

辅料：青椒、红椒各 30 克，植物油、蒜、豆豉各 15 克，酱油、醋、盐各 5 克。

制作过程：

1 香肠洗净，斜刀切成片；青椒、红椒均去蒂，洗净，切圈；蒜去皮，洗净，备用。

2 锅置火上，倒入适量油，烧热，下蒜炒香；放入香肠，煸炒片刻；加入青椒、红椒。

3 调入盐、豆豉、酱油、醋炒匀，待炒熟，装盘即可。

大厨献招：

香肠用清水泡一会儿再烹饪，味道更佳。

小贴士

动脉硬化患者不宜食用。

湘乡小炒肉

菜品特色：清爽可口，口味滑嫩。

主料：五花肉 450 克。

辅料：植物油、辣椒、干红椒各 15 克，料酒 10 克，辣椒油、醋、酱油、姜、豆豉、盐各 5 克，味精 2 克，高汤适量。

制作过程：

1 五花肉处理干净，切成片；辣椒、干红椒洗净；姜洗净，切成片，备用。

2 锅置火上，倒入适量油，烧热，放入辣椒、豆豉、姜爆香。再加入五花肉煸炒片刻；放入干红椒煸炒。

3 调入盐、料酒、酱油、高汤、味精、辣椒油、醋；大火收汁，装盘即可。

湘味小脆骨

菜品特色：鲜香美味，香味宜人。
主料：猪脆骨 350 克。
辅料：青椒、红椒、蒜苗各 30 克，植物油 15 克，盐 5 克，香油、味精各 2 克。
制作过程：

1. 猪脆骨洗净，剁块；青、红椒洗净，对切两半；蒜苗洗净，切段。
2. 锅置火上，倒入适量油，烧热，下猪脆骨，炸至金黄色；入青椒、红椒、蒜苗，同炒 2 分钟。
3. 调入盐、味精炒匀，淋入香油，装盘即可。

大厨献招：
猪脆骨炸至金黄色即可。

小炒黑木耳

菜品特色：味道鲜美，香味浓厚。
主料：黑木耳 300 克。
辅料：芹菜、青椒、红椒各 30 克，植物油 15 克，水淀粉 10 克，香油、生抽、盐各 5 克，鸡精 2 克。
制作过程：

1. 黑木耳泡发洗净，切成片；青、红椒去蒂，洗净，切段；芹菜洗净，切段，备用。
2. 锅置火上，倒入适量油，烧热，放入青椒、红椒、芹菜煸香；放入黑木耳爆炒至八成熟。
3. 调入盐、鸡精、香油、生抽；炒匀后，以水淀粉勾芡，装盘即可。

大厨献招：
木耳泡发后仍然紧缩在一起的部分不宜食用。

长沙香辣鱼

菜品特色：香辣鲜美，口感极佳。
主料：鱼 1 条（约 1200 克）。
辅料：植物油 100 克（实耗 25 克），芝麻、水淀粉、干红椒、豆豉各 15 克，生抽、盐各 5 克，味精、香油各 2 克。
制作过程：

1. 鱼处理干净，用盐、味精、生抽腌渍 15 分钟，抹上水淀粉；干红椒洗净。
2. 锅置火上，入油烧至七成热，放入鱼，大火炸熟，捞出装盘。
3. 原锅留油烧热，放入干红椒、豆豉、盐、味精、生抽、香油炒匀。
4. 将料汁淋在鱼身上，撒上芝麻，装盘即可。

干豆角炒腊肉

菜品特色：味道鲜香，咸辣适口。

主料：腊肉 200 克，干豆角 20 克，干辣椒、姜各少许。

辅料：盐 5 克，味精 3 克。

制作过程：

1. 将腊肉洗净，切成薄片。
2. 干豆角泡发，切段。
3. 干辣椒洗净，切成小段。
4. 姜洗净，切片。
5. 炒锅置火上，倒入适量油，烧热，放入姜片爆香，下入腊肉片炒至出油。
6. 再加入干豆角、干辣椒炒熟。
7. 调入调味料即可。

干锅烟笋腊肉

菜品特色：油亮光泽，鲜香扑鼻。

主料：腊肉 300 克，烟笋 150 克，芹菜 50 克。

辅料：盐 2 克，红椒圈 10 克，香油 3 克，红油少许。

制作过程：

1. 将腊肉洗净，切片。
2. 烟笋洗净，切小片。
3. 芹菜洗净，切小段。
4. 炒锅注油烧热，下入红椒圈爆炒，倒入腊肉煸炒出油。
5. 加入烟笋和芹菜同炒至熟。
6. 加入水、盐、香油、红油焖入味。
7. 起锅倒在干锅中即可。

腊笋炒熏肉

菜品特色：香飘十里，回味悠长。

主料：干笋 100 克，腊肉 500 克，红辣椒 10 克。

辅料：盐、鸡精、料酒、老抽各 5 克。

制作过程：

1. 将腊肉切条，在热水中煮至呈半透明的状态。
2. 干笋洗净，切片。
3. 红辣椒洗净，切丝。
4. 在锅中热油，煸笋片，放腊肉同炒。
5. 加红辣椒丝、盐、料酒、鸡精炒熟即可。

大厨献招：

干笋十分坚硬，需要先用冷水将其泡软后切成薄片，再用少许碱水烧开浸泡 5 分钟左右捞出，放在清水中漂净，才可与其他食品一起烹调。

仔姜炒肉丝

菜品特色：色泽淡雅，自然鲜美，格外诱人。
主料：猪肉 150 克，仔姜 200 克。
辅料：红尖椒 30 克，植物油、葱白各 15 克，料酒、盐、醋各 5 克，味精 2 克。
制作过程：

1. 将猪肉处理干净，均匀切丝，略用料酒、盐腌片刻。
2. 仔姜、红尖椒（去心）、葱白均洗净，切丝。
3. 锅置火上，入油烧到八成热，下仔姜丝煸香。
4. 放入肉丝、红尖椒丝、葱丝煸炒。
5. 调入料酒、盐、味精、醋炒匀，起锅，装盘即可。

小贴士

仔姜一次食用量不宜过多，以免上火。

农家小炒

菜品特色：清爽可口，芳香四溢。
主料：萝卜 300 克，猪肉 100 克，鸡蛋 2 个。
辅料：蒜苗 30 克，植物油 15 克，豆瓣酱、料酒、水淀粉各 10 克，酱油、盐各 5 克。
制作过程：

1. 萝卜去皮，洗净，切丝；猪肉洗净，切丝；蒜苗洗净，切段。
2. 锅置火上，倒入适量油，烧热，打碎鸡蛋壳，放入蛋液，翻炒至五成熟，捞起。
3. 锅内入油，入豆瓣酱炒香，放猪肉滑炒，烹入料酒，放萝卜丝、蒜苗、鸡蛋翻炒。
4. 调入盐、酱油炒匀，以水淀粉勾芡，装盘即可食用。

口味木耳

菜品特色：菜鲜油亮，鲜香美味。
主料：黑木耳、猪肉各200克，芹菜100克。
辅料：植物油15克，酱油10克，红椒、盐各5克。
制作过程：

1. 猪肉洗净，切成片；黑木耳泡发洗净；芹菜洗净；红椒洗净，切圈。
2. 锅置火上，倒入适量油，烧热，放入猪肉炒至出油，加入木耳翻炒至五成熟。
3. 放入芹菜、红椒，调入盐、酱油翻炒至熟，装盘即可。

大厨献招：
木耳先在淘米水中浸泡30分钟，这样容易洗净。

蟹味菇炒猪肉

菜品特色：咸辣鲜香，口味滑嫩。
主料：猪里脊肉300克，蟹味菇100克。
辅料：植物油、青椒、红椒各20克，生抽、盐、姜各5克，鸡精2克。
制作过程：

1. 猪里脊肉洗净，切成片。
2. 青椒、红椒均去蒂，洗净，切成片。
3. 姜去皮，洗净，切片；蟹味菇泡发洗净。
4. 锅置火上，倒入适量油，烧热，放入肉片翻炒至变色；加入蟹味菇、青椒、红椒、姜同炒。
5. 炒至熟后，调入盐、鸡精、生抽炒匀，装盘即可。

大厨献招：
猪肉用料酒、生抽、淀粉腌制15分钟以上味更鲜。

肉炒萝卜四季豆

菜品特色：芳香诱人，咸辣适中。
主料：五花肉250克，四季豆、干萝卜各100克。
辅料：植物油15克，红椒、辣椒油、豆瓣酱各10克，蒜头、酱油、盐各5克，味精2克。
制作过程：

1. 五花肉洗净，切成小块；四季豆洗净，切段；干萝卜、红椒、蒜头洗净，切成片。
2. 锅置火上，倒入适量油，烧热，放入红椒、蒜头爆香。
3. 加入五花肉，大火煸2分钟；放入四季豆、干萝卜炒熟。
4. 加入少许水焖熟，调入盐、味精、酱油、辣椒油、豆瓣酱炒匀，装盘即可。

辣味驴皮

菜品特色：辣爽可口，芳香四溢。
主料：驴皮200克，卤水50克。
辅料：植物油、红椒、青椒、黄椒各20克，红油、芝麻、盐各5克，鸡精2克。
制作过程：
1. 驴皮洗净，切条。
2. 红椒、青椒、黄椒洗净，切条。
3. 驴皮放卤水中煮熟，捞出，沥干水分。
4. 锅置火上，倒入适量油，烧热，放入芝麻炒香，加入驴皮、红椒、青椒、黄椒翻炒。
5. 调入盐、鸡精、红油炒熟，装盘即可。

大厨献招：
加入少许料酒，会让此菜更美味。

油渣小白菜

菜品特色：口感香浓，香味宜人。
主料：小白菜300克，五花肉200克。
辅料：植物油20克，老抽、醋、盐各5克，味精2克。
制作过程：
1. 将五花肉洗净，切成小块，放入沸油锅中，炸成油渣。
2. 小白菜洗净，切段。
3. 锅置火上，倒入适量油，烧热，下油渣稍炒；放入小白菜翻炒。
4. 调入盐、醋、老抽、味精一起炒熟，装盘即可。

大厨献招：
最好选择外表青翠、叶片完整的小白菜。

黄瓜炒肉

菜品特色：咸辣鲜香，口味滑嫩。
主料：黄瓜 300 克，猪瘦肉 200 克。
辅料：植物油 20 克，酱油、醋、盐、干辣椒各 5 克，味精 2 克。
制作过程：
1. 黄瓜洗净，切圆片；猪瘦肉洗净，切成片，用酱油、盐抓腌。
2. 锅置火上，倒入适量油，烧热，放入干辣椒煸炒出香味。
3. 放入瘦肉翻炒片刻；放入黄瓜同炒至熟。
4. 调入酱油、醋、味精、盐炒匀，装盘即可。

大厨献招：
黄瓜不要炒得太久，以免影响口感。

湘西小炒肉

菜品特色：香辣鲜美，香飘十里。
主料：五花肉 300 克，青椒、红椒各 50 克。
辅料：植物油 15 克，生抽 8 克，盐 3 克，鸡精 1 克。
制作过程：
1. 五花肉洗净，切成片；青椒、红椒去蒂，洗净，切条。
2. 锅置火上，倒入适量油，烧热，放入五花肉翻炒至变色；加入青椒、红椒同炒。
3. 炒至熟，调入盐、鸡精、生抽炒匀，装盘即可。

大厨献招：
用大火爆炒，口感更好。

小贴士
五花肉脂肪含量较高，注意食用量。

湘小炒皇

菜品特色：菜鲜油亮，口感极佳。
主料：猪肉、芹菜、香干、洋葱、木耳、红椒各 80 克。
辅料：植物油 20 克，盐 5 克，鸡精 2 克。
制作过程：
1. 猪肉、洋葱、香干均洗净，切细条；
2. 木耳泡发洗净，切条。
3. 芹菜洗净，切段。
4. 红椒去蒂，洗净，切细条。
5. 锅置火上，倒入适量油，烧热，放入猪肉、洋葱、香干、木耳、红椒、芹菜爆炒。
6. 炒至熟，调入盐、鸡精炒匀，装盘即可。

大厨献招：
用大火爆炒，快熟前再放入洋葱，味道更好。

干煸肉丝

菜品特色：麻辣鲜香，口味滑嫩。
主料：瘦肉 300 克，芹菜 100 克。
辅料：植物油 20 克，花雕酒、豆瓣酱各 10 克，蒜、干辣椒、花椒、葱、盐、姜各 5 克，味精 2 克。
制作过程：

1. 瘦肉洗净，切丝；芹菜洗净，切段；干辣椒切段；蒜、姜、葱洗净，切末。
2. 锅置火上，倒入适量油，烧热，放入肉丝炸干水分后，捞出。
3. 原锅留油，放入豆瓣酱、姜末、蒜末、干辣椒段、花椒、葱末炒香；再放入肉、芹菜炒匀。
4. 调入花雕酒、盐、味精炒熟，装盘即可。

香味口蘑

菜品特色：香味诱人，口感饱满。
主料：口蘑 300 克，猪肉 100 克。
辅料：植物油 20 克，老抽、蒜苗、红椒、大蒜、盐各 5 克，香油、鸡精各 2 克。
制作过程：

1. 猪肉洗净，切成片；口蘑洗净，切成片；蒜苗洗净，切小段；红椒洗净，切圈。
2. 锅置火上，倒入适量油，烧热，放入大蒜、猪肉炒至五成熟；加入口蘑、红椒、蒜苗炒熟。
3. 调入盐、鸡精、老抽炒熟，再淋入几滴香油，装盘即可食用。

大厨献招：
口蘑应放水中多漂洗几遍再食用。

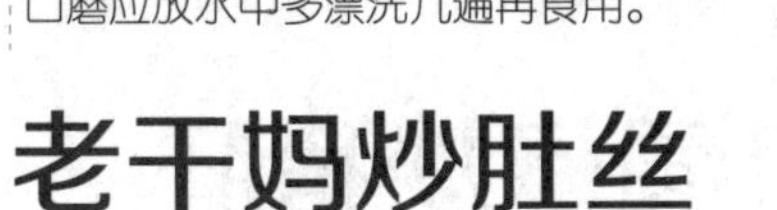

老干妈炒肚丝

菜品特色：清爽可口，芳香四溢。
主料：猪肚 200 克，红椒 50 克。
辅料：植物油 20 克，老干妈豆豉酱 10 克，料酒、酱油、姜末、蒜末、盐、香菜各 5 克，味精 2 克。
制作过程：

1. 猪肚洗净，煮熟，捞起，切丝。
2. 红椒洗净，切圈；香菜洗净。
3. 锅置火上，倒入适量油，烧热，下姜末、蒜末炒香。
4. 放入猪肚，下料酒、老干妈豆豉酱炒至五成熟。
5. 放入红椒，调入盐、酱油，大火炒至猪肚熟。
6. 加入味精，装盘，撒香菜即可。

口味生爆肚丝

菜品特色：口感饱满，回味悠长。
主料：猪肚 200 克，青、红椒各 150 克。
辅料：植物油 20 克，老干妈辣椒 10 克，盐 5 克，味精 2 克。
制作过程：

1. 猪肚洗净，切丝，青、红椒洗净，切碎。
2. 肚丝放盐、味精，腌渍 30 分钟。
3. 锅置火上，倒入适量油，烧热，爆香老干妈辣椒、肚丝，放入青、红椒碎、盐、味精炒匀，装盘即可。

大厨献招：
宜选择硬一点儿、有弹性的猪肚。

小贴士

感冒患者忌食猪肚。

炸排骨

菜品特色：色泽金黄，口感极佳。
主料：排骨 350 克。
辅料：植物油 30 克，干辣椒 15 克，盐、老抽各 5 克，鸡精 2 克。
制作过程：

1. 排骨洗净，焯水，捞出。用盐、老抽腌渍 20 分钟，放入沸水中煮熟。
2. 干辣椒洗净，剁碎。
3. 锅置火上，倒入适量油，烧热，放入排骨、干辣椒。
4. 中火炸香炸熟，调入盐、老抽、鸡精，装盘即可。

大厨献招：
煮排骨时可在锅里加入几片橘皮，可除异味和油腻感。

木耳圆椒炒猪肝

菜品特色：质嫩爽口，香味宜人。
主料：猪肝 200 克，黑木耳 100 克。
辅料：植物油、青圆椒、红圆椒各 20 克，老抽、葱、盐、胡椒粉各 5 克，味精 2 克。
制作过程：

1. 猪肝洗净，切成片；木耳泡发，撕成小片；青圆椒、红圆椒洗净，切成片；葱洗净，切末。
2. 猪肚、木耳、圆椒放入沸水中，稍焯，捞出，沥干水分。
3. 锅置火上，倒入适量油，烧热，入葱末炒香，放猪肚片爆炒；加入木耳和圆椒翻炒。
4. 调入盐、老抽、胡椒粉、味精炒熟，装盘即可。

蕨菜炒腊肉

菜品特色：美味可口，色泽鲜艳。

主料：蕨菜 200 克，腊肉 100 克。

辅料：植物油 20 克，老干妈辣椒酱 10 克，红辣椒、盐各 5 克，鸡精 2 克。

制作过程：

1. 蕨菜洗净，切段；红辣椒洗净，切成片；腊肉洗净，切薄片。
2. 锅置火上，倒入适量油，烧热，炒香辣椒，放入蕨菜、腊肉及所有调味料，炒至入味即可。

大厨献招：

要选择菜形整齐、无枯黄叶、无腐烂、无异味的蕨菜。

干黄瓜皮炒腊肉

菜品特色：味道鲜香，回味悠长。

主料：腊肉 200 克，干黄瓜皮 150 克。

辅料：蒜苗、植物油各 20 克，姜、干椒粒、蒜、蚝油、盐各 5 克，味精 2 克。

制作过程：

1. 干黄瓜皮泡发洗净，切丝，放入沸水烫熟，入锅炒干；姜、蒜切成片；蒜苗洗净，切段；腊肉切成片，放入水中煮熟，入油锅炸香。
2. 锅置火上，倒入适量油，烧热，下姜、蒜、干辣椒粒炒香，放入干黄瓜皮、腊肉翻炒。
3. 调入调味料，放入蒜苗炒匀即可。

小贴士

胃或十二指肠溃疡患者忌食。

腊肉炒蒜薹

菜品特色：咸度适中，口感极佳。

主料：腊肉 200 克，蒜薹 150 克。

辅料：植物油 20 克，干椒 10 克，姜、盐各 5 克，味精 2 克。

制作过程：

1. 蒜薹洗净，切段；腊肉洗净，切薄片；干椒剪成段；姜切成片。
2. 锅置火上，倒入适量油，烧热，放入腊肉、蒜薹一起炸至干香，捞出沥油。
3. 原锅留油，放入姜片、干椒段炒出香味，加入腊肉、蒜薹一起炒匀，调入盐、味精入味即可。

小贴士

消化功能不佳者不宜多食。

苦瓜炒腊肉

菜品特色：味道鲜香，质嫩爽口。
主料：苦瓜 300 克，腊肉 200 克。
辅料：高汤 30 毫升，植物油 20 克，指天椒、淀粉、料酒各 10 克，姜、盐、蒜各 5 克，胡椒粉、味精各 2 克。
制作过程：
1. 腊肉切成片，用温水浸泡 15 分钟；苦瓜洗净，切成片。
2. 指天椒切段；姜切丝；蒜切末。
3. 锅置火上，倒入适量油，烧热，下姜丝、蒜末、辣椒段炒香，放入腊肉翻炒，烹入料酒。
4. 加入苦瓜片、高汤、胡椒粉、盐与味精，炒至只剩汤汁，用淀粉勾芡，装盘即可。

腊肉炒干豆角

菜品特色：味道鲜香，营养可口。
主料：腊肉 300 克，干豆角 200 克，蒜薹 50 克。
辅料：植物油、干辣椒各 20 克，酱油、醋、盐各 5 克，味精 2 克。
制作过程：
1. 腊肉洗净，入锅煮软，捞出切成片；干辣椒、蒜薹洗净，切段；干豆角泡发洗净，切段。
2. 锅置火上，倒入适量油，烧热，下干辣椒段炒香，放入腊肉片翻炒至变色。
3. 加入干豆角、蒜薹同炒。
4. 倒入酱油、醋炒至熟，调入盐、味精炒匀，装盘即可。

湘笋炒腊肉

菜品特色：色泽鲜艳，芳香诱人。
主料：腊肉 100 克，小笋 50 克。
辅料：植物油、蒜苗、红椒、蒜末各 20 克，酱油、胡椒粉、辣椒油、盐各 5 克，味精 2 克，葱花 5 克。
制作过程：
1. 小笋洗净，切长条；腊肉切成片；红椒洗净，切圈；蒜苗洗净，切段。
2. 锅置火上，倒入适量油，烧热，加入腊肉炒香；放入小笋、红椒和蒜苗、蒜末炒匀。
3. 调入各调味料，拌炒至香味散发，撒葱花，装盘即可。

小贴士

消化道疾病患者不宜食用。

野山椒爆炒牛柳

菜品特色：美味可口，色泽鲜艳。
主料：牛柳250克，香菜、野山椒各50克。
辅料：植物油20克，嫩肉粉、淀粉各10克，蒜、姜、蚝油、盐各5克，味精2克。
制作过程：

1. 牛柳先切丝，洗净。
2. 野山椒洗净。
3. 牛柳用嫩肉粉、淀粉、盐腌渍1小时，过油。
4. 锅留底油，下蒜、姜片煸香，放入野山椒、牛柳、蚝油、盐、味精，炒入味，撒上香菜即可。

小贴士

购买时如不慎买到老牛肉，可急冻再冷藏一两天，肉质可稍变嫩。

烟笋炒腊牛肉

菜品特色：味道鲜香，口感饱满。
主料：腊牛肉100克，烟笋50克。
辅料：植物油15克，蒜苗段、红椒圈各10克，酱油、盐、胡椒粉各5克，味精2克，蒜片3克。
制作过程：

1. 腊牛肉洗净，切成片；烟笋泡发洗净，切条。
2. 锅置火上，倒入适量油，烧热，入蒜片炒香，加入腊牛肉片、烟笋拌炒；入红椒圈续炒。
3. 待腊肉及红椒炒好，调入盐、味精、酱油，翻炒至香味散发；撒胡椒粉、葱段，装盘即可。

大厨献招：
笋壳完整且饱满光洁的竹笋质量较好。

芹菜黄牛肉

菜品特色：菜鲜油亮，回味悠长。
主料：黄牛肉300克，芹菜200克。
辅料：植物油、青椒、红椒各20克，料酒、醋、红油、盐、姜各5克，味精2克。
制作过程：

1. 黄牛肉洗净，切成片，加入料酒腌渍。
2. 芹菜洗净，切段。
3. 姜去皮，洗净，切成片。
4. 青椒、红椒均去蒂，洗净，切圈。
5. 锅置火上，倒入适量油，烧热，下姜爆香，放入黄牛肉滑炒；放入芹菜翻炒。
6. 放入青椒、红椒翻炒，调入盐、醋、红油、味精炒熟，装盘即可。

红油牛筋

菜品特色：芳香诱人，让人齿颊留香。
主料：牛筋 200 克。
辅料：植物油 20 克，花生米、红油、醋、芝麻各 10 克，八角、花椒、姜、盐各 5 克，味精 2 克。
制作过程：
1. 牛筋洗净。
2. 花生米去皮。
3. 锅置火上，加入水烧沸，放入盐、八角、花椒、姜。
4. 放入牛筋煮熟，捞去渣，切成片。
5. 锅内入油，放花生米、芝麻炒熟。
6. 再放入牛筋。
7. 调入红油、醋、盐、味精翻炒，装盘即可。

小炒东山羊

菜品特色：营养可口，味道鲜香。
主料：山羊肉 300 克。
辅料：植物油、青椒、红椒各 20 克，料酒、老抽、盐各 5 克，香油、鸡精各 2 克。
制作过程：
1. 山羊肉洗净，切成片，加入盐、料酒、老抽腌渍 10 分钟。
2. 青、红椒去蒂，洗净，切长条。
3. 锅置火上，倒入适量油，烧热，放入青、红椒爆炒；加入山羊肉翻炒至八成熟。
4. 调入盐、鸡精、老抽、香油炒匀，装盘即可。

大厨献招：
羊肉中有很多筋膜，切之前应先将其剔除。

羊肉小炒

菜品特色：味道鲜香，回味悠长。
主料：羊肉 350 克，洋葱、青椒、红椒各 50 克。
辅料：植物油、辣椒油各 20 克，料酒 10 克，盐 5 克，鸡精 2 克。
制作过程：
1. 羊肉洗净，切成片，入沸水锅中焯水；洋葱、青椒、红椒分别洗净，均切丝。
2. 锅置火上，倒入适量油，烧热，放入羊肉滑炒至熟；加入洋葱、青椒、红椒同炒。
3. 调入料酒、盐、辣椒油、鸡精炒匀，装盘即可。

大厨献招：
羊肉有较重的膻味，放一些陈皮同炒，味感更佳，也可以去掉膻味。

鸡粒碎米椒

菜品特色：味道鲜香，让人齿颊留香。
主料：面粉 300 克，鸡脯肉 50 克。
辅料：植物油、红椒、青椒各 20 克，水淀粉、葱花、盐各 5 克，鸡精 2 克，发酵粉适量。
制作过程：

1. 鸡脯肉洗净剁成丁，用水淀粉腌渍；红椒洗净，切丁；青椒洗净，切圈。
2. 面粉加入水与发酵粉和好，发酵 1 小时后，做成蝴蝶状，上蒸笼蒸熟，摆盘。
3. 锅置火上，倒入适量油，烧热，放鸡丁滑炒，加入红椒、青椒翻炒熟；调入盐、鸡精炒匀，撒入葱花，装盘即可。

窝头米椒鸡

菜品特色：细嫩软滑，酸辣可口。
主料：窝头 10 个，鸡肉 200 克，酸菜 100 克。
辅料：植物油 20 克，辣椒酱、酱油、醋、盐、葱各 5 克，味精 2 克。
制作过程：

1. 鸡肉洗净，切丁；酸菜洗净，切碎。葱洗净，切花。
2. 锅置火上，倒入适量油，烧热，放入鸡肉滑炒片刻；加入酸菜；调入盐、辣椒酱、酱油、醋、味精炒匀；待熟时，盛入盘中间，撒上葱花。
3. 窝头入蒸锅蒸热，摆盘即可。

大厨献招：
鸡肉丁切得越小，吃起来口感越好；鸡丁炒的时间也不宜过长。

生炒鸡

菜品特色：菜鲜油亮，口感极佳。
主料：鸡 400 克，青椒、红椒各 30 克。
辅料：植物油 20 克，水淀粉、料酒各 10 克，红油、酱油、盐各 5 克，鸡精 2 克。
制作过程：

1. 鸡处理干净，切成小块；青椒、红椒均去蒂，洗净，斜刀切圈。
2. 锅置火上，倒入适量油，烧热，放入鸡块煸炒片刻；调入盐、鸡精、酱油、料酒、红油炒匀。
3. 待炒至八成熟，放青椒、红椒翻炒，加入水淀粉，焖煮片刻，装盘即可。

大厨献招：
加入点辣椒酱调味，味道更好。

蒜香鸡块

菜品特色：咸辣鲜香，色泽鲜艳。
主料：公鸡1只（约1250克），青椒、红椒各30克，蒜20克。
辅料：植物油25克，水淀粉、料酒各10克，酱油、盐各5克，鸡精2克。
制作过程：
1 公鸡处理干净；青椒、红椒洗净，切圈；蒜切粒。
2 锅内加入水烧热，放入鸡块焯水，捞出，沥干水分。
3 锅置火上，倒入适量油，烧热，下蒜爆香，放入鸡块煸炒片刻；调入盐、鸡精、酱油、料酒炒匀。
4 放入青椒、红椒翻炒；待鸡块快熟时，加入水淀粉焖煮片刻，装盘即可。

酸辣鸡杂

菜品特色：制作精细，回味悠长。
主料：鸡杂300克。
辅料：青椒、红椒、酸辣椒、蒜薹、蚝油各20克，胡椒粉、酱油、盐各5克，味精2克。
制作过程：
1 鸡杂、青椒、红椒均洗净，切粒。
2 酸辣椒切米。
3 蒜薹洗净，切小段。
4 鸡杂用盐、酱油腌渍6分钟至入味，放入烧热的油锅，过油，捞出。
5 锅置火上，倒入适量油，烧热，放入青红椒粒、酸辣椒米爆香；加入蒜薹稍炒；放入鸡杂及调味料翻炒即可。

农家鸡杂

菜品特色：营养可口，颜色鲜艳。
主料：鸡胗、鸡心、鸡肝、青椒、红椒各100克。
辅料：植物油20克，料酒10克，酱油、盐各5克，味精2克。
制作过程：
1 鸡胗、鸡心、鸡肝处理干净，切成片，焯水；青椒、红椒洗净，切圈。
2 锅置火上，倒入适量油，烧热，放入鸡胗、鸡心、鸡肝爆炒，烹入料酒。
3 加入青椒、红椒炒熟，调入盐、味精、酱油炒匀即可。
大厨献招：
用盐水清洗鸡胗、鸡心、鸡肝可去腥。

风味茄子

菜品特色：美味可口，芳香四溢。
主料：茄子350克，干辣椒、青椒、红椒各40克。
辅料：水淀粉50克，植物油20克，香菜10克，盐5克，鸡精2克。
制作过程：
1. 茄子洗净，切成小块，用水淀粉裹匀；青椒、红椒洗净，切成片；干辣椒、香菜均洗净，切段。
2. 锅置火上，倒入适量油，烧热，放入茄块稍炸，捞出控油。
3. 锅底留油，放入干辣椒爆香，加入炸过的茄子同炒。
4. 放入青椒、红椒、香菜翻炒；调入盐、鸡精调味，装盘即可。

小炒仔洋鸭

菜品特色：味道鲜香，油而不腻。
主料：鸭肉250克，红椒100克。
辅料：植物油15克，酱油、香菜、盐各5克，味精2克。
制作过程：
1. 鸭肉洗净，切成片。
2. 红椒洗净，切圈。
3. 香菜洗净。
4. 锅置火上，倒入适量油，烧热，倒入鸭肉炒至变色。
5. 再加入红椒、香菜翻炒片刻。
6. 调入盐、味精、酱油炒匀，装盘即可。

湘西炒土匪鸭

菜品特色：风味独特，鲜咸味辣。
主料：鸭400克，香菇50克。
辅料：青椒、红椒、植物油各20克，老抽、泡椒各10克，干辣椒、葱白段、盐各5克，鸡精2克。
制作过程：
1. 鸭处理干净，切成小块焯水；青、红椒去蒂洗净，切成片；干辣椒洗净，切段；香菇泡发洗净。
2. 锅置火上，倒入适量油，烧热，放入干辣椒、香菇、鸭块大火翻炒至变色。加入青椒、红椒、泡椒、葱白段同炒。
3. 炒熟，调入盐、鸡精、老抽炒匀，装盘即可。

大厨献招：
鸭肉焯水撇去浮沫，味更佳。

剁椒炒鸡蛋

菜品特色：香飘十里，回味悠长。
主料：鸡蛋 200 克，剁椒 50 克。
辅料：植物油 20 克，香油、葱各 10 克，盐 5 克。
制作过程：

1. 鸡蛋打入碗中，加入盐搅均；葱洗净，切葱花。
2. 锅置火上，倒入适量油，烧热，倒入鸡蛋炒散，放入剁椒同炒片刻。
3. 撒上葱花，淋入香油即可。

大厨献招：
鸡蛋最后入锅炒，味更佳。

小贴士
高血压患者不宜食用剁椒。

辣子炒鸡蛋

菜品特色：味道鲜香，营养丰富。
主料：鸡蛋 2 个，青椒、红椒各 50 克，面饼 8 个。
辅料：植物油 20 克，酱油、盐各 5 克。
制作过程：

1. 鸡蛋打散，充分搅匀；青椒、红椒洗净，切圈。
2. 锅置火上，倒入适量油，烧热，下鸡蛋翻炒至凝固，加入青椒、红椒一起炒匀。
3. 加入盐、酱油翻炒至熟，装盘，盘边摆上面饼即可。

大厨献招：
蛋壳颜色鲜明，气孔明显的是鲜蛋。

小贴士
发热患者忌食鸡蛋。

地木耳炒鸡蛋

菜品特色：清爽可口，美味消食。
主料：地木耳 200 克。
辅料：植物油 20 克，鸡蛋 2 个，葱花、盐各 5 克。
制作过程：

1. 地木耳洗净，去杂质，沥干水分；鸡蛋打入碗中，加入少许盐搅匀。
2. 锅置火上，倒入适量油，烧热，放入鸡蛋炒至八成熟，装盘。
3. 锅底留油，放入地木耳爆炒。
4. 加入炒熟的鸡蛋翻炒，调入盐调味，装盘，撒上葱花即可。

大厨献招：
鸡蛋不要炒太久，否则口感不好。

茭白炒花鳝丝

菜品特色：香气浓郁，咸辣味厚。
主料：鳝鱼 250 克，茭白 150 克。
辅料：青椒、红椒、黄椒、植物油各 20 克，姜、酱油、盐各 5 克，鸡精 2 克。
制作过程：

1. 鳝鱼宰杀，洗净，切条；茭白洗净，切条；青椒、红椒、黄椒均去蒂，洗净，切条；姜去皮，洗净，切成片。
2. 锅置火上，倒入适量油，烧热，入姜片爆香，放入鳝鱼炒至变色，加入茭白、青椒、红椒、黄椒炒匀。
3. 调入盐、酱油、鸡精炒熟，装盘即可。

芹菜梗炒鳝鱼

菜品特色：色彩鲜艳，口味独特。
主料：鳝鱼 300 克，芹菜梗 150 克。
辅料：红椒、植物油各 20 克，酱油、料酒各 10 克，盐 5 克，鸡精 2 克。
制作过程：

1. 鳝鱼宰杀，洗净，切条；芹菜梗洗净，切段；红椒去蒂，洗净，切条。
2. 锅置火上，倒入适量油，烧热，放入鳝鱼煸炒，加入芹菜梗、红椒翻炒。
3. 调入盐、鸡精、酱油、料酒炒匀，加入适量水炒熟，装盘即可。

小贴士

皮肤瘙痒症患者忌食鳝鱼。

蒜香小炒鳝背丝

菜品特色：香辣鲜浓，回味悠长。
主料：鳝鱼 250 克，蒜薹 200 克，茶树菇 100 克。
辅料：植物油、红椒各 20 克，酱油、醋、水淀粉、盐各 5 克，鸡精 2 克。
制作过程：

1. 鳝鱼宰杀，洗净，切丝；蒜薹洗净，切段；茶树菇泡发洗净，切段；红椒去蒂，洗净，切条。
2. 锅置火上，倒入适量油，烧热，放入鳝鱼翻炒片刻。
3. 加入蒜薹、茶树菇、红椒同炒，调入盐、鸡精、酱油、醋炒至入味。
4. 待熟，用水淀粉勾芡，装盘即可。

菠萝虾球

菜品特色：色泽红艳，口味别具一格。

主料：虾仁300克，菠萝100克。

辅料：植物油30克，青椒15克，红油、水淀粉各10克，盐5克，鸡精2克。

制作过程：

1. 菠萝去皮，洗净，切小块；虾仁处理干净，加入盐、水淀粉拌匀；青椒洗净，切小块。
2. 锅置火上，倒入适量油，烧热，放入虾仁稍炸，捞出控油；锅底留油，放入菠萝滑炒，加入青椒和虾仁同炒匀。
3. 调入盐、鸡精、红油调味，装盘即可。

小贴士

消化道溃疡、严重肝病患者忌食。

私家辣龙须

菜品特色：颜色鲜艳，外酥内嫩。

主料：鱿鱼须400克。

辅料：植物油、青椒、红椒各20克，醋、红油、盐各5克，鸡精2克。

制作过程：

1. 鱿鱼须处理干净；青椒、红椒均去蒂洗净，一部分切丝，其余切圈摆盘。
2. 锅内加水烧热，放入鱿鱼焯烫，捞出，沥干水分。
3. 锅置火上，倒入适量油，烧热，放入鱿鱼滑炒，调入盐、鸡精、醋、红油。
4. 炒熟，装盘，青红椒丝用油炒香后置于鱿鱼须上即可。

小贴士

脾胃虚寒者不宜食用。

三鲜滑子菇

菜品特色：味道鲜香，咸鲜酸辣。

主料：滑子菇、午餐肉、鱿鱼各200克，虾仁100克。

辅料：植物油、青椒、红椒各20克，醋、水淀粉、盐各5克，鸡精2克。

制作过程：

1. 滑子菇去根部，洗净；午餐肉洗净，切三角片；鱿鱼洗净，切花刀；虾仁洗净；青椒、红椒均洗净，切成片。
2. 锅置火上，倒入适量油，烧热，放入午餐肉、鱿鱼、虾仁滑炒片刻。
3. 加入滑子菇、青椒、红椒翻炒。
4. 调入盐、鸡精、醋炒熟，用水淀粉勾芡，装盘即可。

老妈炒田螺

菜品特色：色泽鲜艳，鲜辣适中。

主料：田螺 500 克，红椒 50 克。

辅料：蒜苗、植物油各 20 克，酱油、料酒各 15 克，醋、盐各 5 克。

制作过程：

1. 田螺去壳取肉，洗净。
2. 红椒洗净，切圈。
3. 蒜苗洗净，切段。
4. 锅置火上，倒入适量油，烧热，放入田螺肉翻炒至五成熟，调入料酒、醋、酱油翻炒。
5. 加入蒜苗、红椒炒香，放入盐炒熟，装盘即可。

大厨献招：

田螺要炒熟再吃。

紫苏田螺肉

菜品特色：回味下饭，老少咸宜。

主料：去壳田螺肉 300 克，紫苏 80 克。

辅料：指天椒、植物油各 20 克，生姜 15 克，香油、盐各 5 克，味精 2 克。

制作过程：

1. 田螺肉洗净，煮熟；紫苏洗净；生姜切成片；指天椒切圈。
2. 锅置火上，倒入适量油，烧热，放入生姜、指天椒、紫苏炒香。
3. 放入田螺肉、盐、味精炒入味，淋上香油即可。

大厨献招：

田螺肉一定要煮熟透，以防止病菌和寄生虫感染。

小炒花蛤

菜品特色：芳香诱人，让人齿颊留香。

主料：花蛤 300 克，蒜苗 100 克。

辅料：红椒、植物油各 30 克，盐 5 克，鸡精 2 克。

制作过程：

1. 花蛤洗净，去泥沙，入沸水锅中煮至开壳，捞出取肉。
2. 蒜苗洗净，切段；红椒洗净，切丝。
3. 锅置火上，倒入适量油，烧热，放入花蛤肉爆炒。
4. 加入蒜苗和红椒翻炒。
5. 调入盐和鸡精炒匀，装盘即可。

大厨献招：

刚买回的新鲜花蛤要放入淡盐水中浸泡 8 小时，等花蛤吐净泥沙后再做菜。

长山药炒木耳

菜品特色：滋味浓郁，诱人胃口。

主料：长山药 250 克，黑木耳 200 克。

辅料：植物油、青椒、红椒、黄椒各 20 克，盐 5 克，鸡精 2 克。

制作过程：

1. 长山药去皮，洗净，切菱形块。
2. 黑木耳泡发洗净，撕片。
3. 青椒、红椒、黄椒分别洗净，切成片。
4. 锅置火上，倒入适量油，烧热，放入黑木耳和长山药爆炒。
5. 加入青椒、红椒、黄椒炒匀。
6. 调入盐、鸡精炒匀，装盘即可。

湘辣萝卜干

菜品特色：酥脆爽口，清新鲜香。

主料：萝卜干 150 克，香菜叶 30 克。

辅料：植物油 20 克，辣椒粉、辣椒油各 10 克，盐 5 克，味精 2 克。

制作过程：

1. 萝卜干用温水泡软，捞起，沥干水分，切小段，备用；香菜叶洗净。
2. 锅置火上，倒入适量油，烧热，加入切好的萝卜干炒 3 分钟。
3. 调入盐、味精炒匀。
4. 加入辣椒粉、辣椒油拌炒，装盘，撒香菜叶即可。

大厨献招：

香菜要在出锅之前放，以保留清香口感。

浏阳鸡汁脆笋

菜品特色：香味诱人，香辣浓郁。

主料：脆笋 200 克，鸡汤少许。

辅料：植物油 20 克，生抽、辣椒、葱各 10 克，香油、盐各 5 克，味精 2 克。

制作过程：

1. 脆笋、辣椒洗净，切丝；葱洗净，切段。
2. 锅置火上，入油烧至六成热，下辣椒炒香；放入脆笋煸炒；加入鸡汤煮至汁将干。
3. 加入葱翻炒，调入盐、味精、香油、生抽炒匀，装盘即可。

大厨献招：

笋焯水时间不要过久，以免降低其营养。

核桃仁滑山药

菜品特色：柔嫩鲜香，滋味醇厚。
主料：山药 400 克。
辅料：核桃仁、植物油各 20 克，青椒、红椒各 10 克，酱油、水淀粉、盐各 5 克，鸡精 2 克。
制作过程：
1 山药去皮，洗净，切成小块。
2 核桃仁洗净。
3 青椒、红椒均去蒂，洗净，切成片。
4 锅置火上，倒入适量油，烧热，放入核桃仁翻炒片刻。
5 加入山药炒至五成熟。
6 下入青椒、红椒、盐、鸡精、酱油炒熟，用水淀粉勾芡，装盘即可。

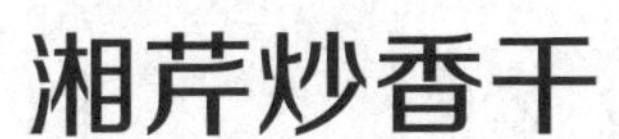

湘芹炒香干

菜品特色：色泽清新，芳香扑鼻。
主料：香干 100 克，芹菜 50 克，剁辣椒 30 克。
辅料：植物油 20 克，酱油、蒜末、盐各 5 克，味精、香油各 2 克。
制作过程：
1 香干洗净，切条；芹菜去叶，洗净，切段。
2 锅置火上，倒入适量油，烧热，加入蒜末爆香，将芹菜和香干加入锅中拌炒。
3 炒熟，调入调味料，翻炒至香味散发，加入剁辣椒略炒，装盘即可。
大厨献招：
加入辣椒油，会让此菜更美味。

黄花菜炒菠菜

菜品特色：味道鲜香，回味悠长。
主料：菠菜 200 克，黄花菜 100 克，红椒 50 克。
辅料：植物油 20 克，葱、姜、盐各 5 克。
制作过程：
1 黄花菜泡发洗净，焯水；菠菜洗净；红椒洗净，切丝。
2 锅置火上，倒入适量油，烧热，放入葱、姜、菠菜爆炒片刻。
3 加入黄花菜、红椒翻炒。
4 调入盐炒熟，装盘即可。
大厨献招：
菠菜也可先焯水。

湘江小鱼干

菜品特色：鲜香味美，酥脆爽口。
主料：小鱼干 400 克，红椒、青椒各 50 克。
辅料：植物油 30 克，酱油 15 克，醋 10 克，盐 5 克，味精 2 克。
制作过程：
1 小鱼干洗净泥沙。
2 红椒、青椒洗净，切小条。
3 锅置火上，倒入适量油，烧热，放入小鱼干炸至变色。
4 加入红椒、青椒炒匀。
5 调入盐、醋、酱油炒至熟，加入味精炒匀，装盘即可。

湘酥嫩子鱼

菜品特色：口味鲜香，色泽鲜艳。
主料：小鱼 400 克。
辅料：植物油 30 克，生抽、葱、辣椒、姜片、盐各 5 克，味精 2 克。
制作过程：
1 小鱼处理干净，用盐、味精、生抽腌渍 15 分钟，备用。
2 葱、辣椒洗净，切末。
3 锅置火上，入油烧至六成热，放入小鱼，大火炸至熟，盛出。
4 油锅再烧热，放入葱、辣椒、姜片炸香，调入盐、味精，淋在鱼身上即可。

菜品特色：美味可口，色泽鲜艳。

辣味红烧肉

主料：五花肉 350 克。

辅料：植物油 30 克，料酒、大蒜片、蒜苗段、干红椒段、熟芝麻各 10 克，白糖、盐各 5 克，花椒、桂皮、香叶各 3 克。

制作过程：

1. 五花肉去毛，刮皮，处理干洗净。
2. 将五花肉切成小块，焯水。
3. 锅置火上，倒入适量油，烧热，放白糖加热至溶化。
4. 放入五花肉块，翻炒片刻。
5. 锅加入水烧沸，放入花椒、桂皮、香叶，同煮至汤汁全干。
6. 下入大蒜片、蒜苗、干红椒、料酒、盐翻炒。
7. 装盘，撒上熟芝麻即可。

大厨献招：

五花肉最好入沸水中焯至熟。

小贴士

心血管疾病患者不宜多食。

干烧鱼

主料：鲤鱼600克，猪肥瘦肉100克。

辅料：梅菜50克，植物油30克，大蒜、剁椒各15克，料酒、酱油、盐各5克，鸡精2克。

制作过程：

1. 鲤鱼处理干净。
2. 猪肉、梅菜洗净，剁末；大蒜去皮，洗净，切末。
3. 锅置火上，倒入适量油，烧热，放入鲤鱼炸至两面呈金黄色，捞起，控油。
4. 锅底留油，放入剁椒和大蒜炒香。
5. 放入鲤鱼翻炒入味，倒入适量清水焖煮。
6. 加入肉末、梅菜、蒜末炒匀。
7. 调入盐、鸡精、料酒、酱油炒匀，装盘即可。

菜品特色：成色美观，香辣美味。

农家大碗豆腐

主料：豆腐200克，肉末50克。

辅料：植物油30克，辣椒油、尖椒、姜末、盐各5克，香油、味精各2克，料酒适量。

制作过程：

1. 豆腐洗净。
2. 将豆腐切成小块；肉末用少许盐、料酒、姜末腌渍；尖椒洗净，切圈。
3. 锅置火上，倒入适量油，烧热，炒香肉末和姜末。
4. 放入尖椒、辣椒油煸炒至熟，盛起。
5. 炒锅入油烧至六成热，放入豆腐块炸至两面脆黄，调入盐、味精炒匀。
6. 烹入适量的水煮开；加入炒好的肉末；淋香油拌匀，装盘即可。

大厨献招：

豆腐用沸水烫一下，味道更好。

小贴士

适合女性食用，肾脏病患者少吃。

家烧小黄鱼

菜品特色：味道浓郁，香辣鲜美。
主料：小黄鱼 300 克。
辅料：植物油 30 克，酱油 15 克，醋 10 克，红椒、蒜苗、蒜、盐各 5 克。
制作过程：
1 小黄鱼处理干净；红椒洗净，切圈；蒜去皮，洗净拍碎；蒜苗洗净，切段。
2 锅置火上，倒入适量油，烧热，放入蒜爆香，加入小黄鱼煎至两面微黄。放入蒜苗段、红椒翻炒。
3 调入醋、酱油、盐，倒入少量水，小火烧至汁浓，装盘即可。
大厨献招：
煎鱼时最好用小火，否则会煎焦糊。

小黄鱼烧豆腐

菜品特色：味道鲜香，回味悠长。
主料：小黄鱼 300 克，豆腐 200 克。
辅料：植物油 30 克，料酒、水淀粉各 10 克，老抽、辣椒油、盐各 5 克，鸡精 2 克，鸡汤适量。
制作过程：
1 小黄鱼处理干净，用盐、料酒、老抽腌渍 10 分钟；豆腐稍洗，切薄片。
2 锅置火上，倒入适量油，烧热，放入小黄鱼炸至两面金黄。加入豆腐略炸。倒入鸡汤用中火烧煮。
3 汤汁收干时，调入盐、鸡精、老抽、辣椒油炒匀，以水淀粉勾芡即可。
大厨献招：
要选购呈黄白色的新鲜小黄鱼。

蒜子烧平鱼

菜品特色：口味独特，诱人食欲。
主料：平鱼 300 克。
辅料：植物油 30 克，蒜 15 克，酱油、醋、红油、盐各 5 克。
制作过程：
1 平鱼处理干净；蒜去皮洗净。
2 锅置火上，倒入适量油，烧热，下蒜爆香；放入平鱼煎至八成熟，调入盐、酱油、醋、红油炒匀。
3 倒入适量清水，焖煮至熟，待汤汁变浓，装盘即可。
大厨献招：
平鱼用盐腌渍片刻后再烹饪，味道更好。

香菇烧冬笋

菜品特色：美味可口，色泽鲜艳。
主料：冬笋、豆苗各 300 克，香菇 100 克。
辅料：植物油 20 克，酱油、蚝油各 10 克，盐 5 克。
制作过程：

1. 香菇洗净，放入水中浸泡至软；豆苗洗净；冬笋洗净，切成片。
2. 烧沸适量清水，放入豆苗焯烫片刻，捞起，沥干水分。
3. 另起锅，倒入适量油，烧热，放入冬笋、香菇翻炒；加入豆苗，调入酱油、盐、蚝油炒匀，装盘即可。

大厨献招：
加入适量鸡精，会让此菜更美味。

小土豆红烧肉

菜品特色：味香醇厚，滋味浓郁。
主料：带皮五花肉 300 克，小土豆 200 克。
辅料：植物油 20 克，水淀粉、料酒各 10 克，老抽、鸡汤、大料、桂皮、盐各 5 克，鸡精 2 克。
制作过程：

1. 五花肉处理干净，用老抽、盐腌渍 10 分钟，再放入油锅中稍炸捞出，切成小块；小土豆洗净，去皮；大料、桂皮均洗净。
2. 锅置火上，倒入料酒、老抽、鸡汤，将五花肉、小土豆、盐、鸡精、大料、桂皮，依次下锅烧沸，小火慢烧。
3. 待五花肉炖烂时，加入水淀粉勾芡，装盘即可。

葱烧木耳

菜品特色：回味无穷，香辣鲜美。
主料：黑木耳 300 克，大葱 50 克。
辅料：红椒、植物油各 20 克，盐 5 克，鸡精 2 克。
制作过程：

1. 黑木耳泡发洗净，撕成片。
2. 大葱洗净，切段。
3. 红椒洗净，切圈。
4. 锅置火上，倒入适量油，烧热，放入葱段爆炒，加入黑木耳和红椒翻炒。
5. 调入盐和鸡精炒匀，装盘即可。

大厨献招：
加入适量醋，会让此菜更美味。

香肉黄菇

菜品特色：辣而不燥，柔中带嫩。

主料：猪肉 250 克，黄菇 200 克。

辅料：植物油 20 克，料酒、青椒、红椒、水淀粉各 10 克，酱油、盐各 5 克，味精 2 克。

制作过程：

1. 黄菇洗净，切成小块；猪肉洗净，切成片；青、红椒均洗净，切段。
2. 锅置火上，倒入适量油，烧热，放入青、红椒炒香。
3. 加入黄菇、肉片同炒至熟。
4. 调入盐、味精、料酒、酱油炒匀，以水淀粉勾芡，装盘即可。

老豆腐煨牛腩

菜品特色：肉香四溢，口感软烂。

主料：牛腩 200 克，豆腐 300 克，熟花生米、熟白芝麻各 30 克。

辅料：植物油 20 克，酱油、豆瓣酱、葱、盐各 5 克，味精 2 克。

制作过程：

1. 牛腩洗净，切成小块；豆腐洗净，切成小块；葱洗净，切段。
2. 锅置火上，倒入适量油，烧热，放入所有调味料炒匀。
3. 倒入适量清水烧沸，放入牛腩炖至九成熟。
4. 放入豆腐，炖至各材料均熟，撒上熟白芝麻、熟花生米，装盘即可。

红枣焖猪蹄

菜品特色：香辣味浓，诱人食欲。

主料：猪蹄 150 克，红枣 50 克。

辅料：植物油 20 克，酱油、五香粉、辣椒油、盐各 5 克，味精、香油各 2 克。

制作过程：

1. 猪蹄处理干净，切成小块，焯水。
2. 红枣洗净。
3. 锅置火上，放入猪蹄翻炒，淋入酱油，继续翻炒至肉熟。
4. 倒入适量清水，加入红枣炒匀。
5. 待煮沸，调入盐、味精、五香粉、香油及辣椒油，煮至香味散发、猪蹄酥软，装盘即可。

滑熘肉片

菜品特色：营养丰富，回味无穷。
主料：猪肉300克，蚕豆50克。
辅料：植物油20克，水淀粉、料酒各15克，盐5克，鸡精2克。
制作过程：
1. 猪肉洗净，切成片，加入盐和水淀粉拌匀；蚕豆洗净。
2. 锅置火上，倒入适量油，烧热，放入猪肉滑炒，加入蚕豆翻炒至熟。
3. 调入料酒、盐、鸡精炒匀，加入少许水，加入水淀粉勾芡，装盘即可。

大厨献招：
撒上熟芝麻，会让此菜更美味。

南瓜焖排骨

菜品特色：美味可口，色泽鲜艳。
主料：南瓜、排骨各200克。
辅料：植物油20克，料酒、豆豉各15克，姜、盐各5克。
制作过程：
1. 排骨洗净，斩块，焯水，捞起，沥干水分。
2. 南瓜去皮，洗净，切成小块。
3. 姜去皮，洗净，切成片。
4. 锅置火上，倒入适量油，烧热，放入豆豉、姜片炒香，加入排骨大火炒片刻。
5. 调入料酒、盐，倒入适量清水，中火煮开，放入南瓜焖至排骨和南瓜熟，装盘即可。

干椒焖腊鱼

菜品特色：口味鲜香，营养丰富。
主料：腊鱼250克。
辅料：干辣椒、植物油各20克，姜10克，盐5克，味精2克。
制作过程：
1. 腊鱼切成小块；干辣椒剪小段；姜切丝。
2. 腊鱼块放入沸水，稍煮去掉咸味，捞出。
3. 锅内倒入适量油，烧热，放入腊鱼块、干辣椒、姜丝爆炒至出香味，用盐、味精调味即可。

大厨献招：
腊鱼用加醋的温水泡一下，更容易出味。

小贴士
易咳嗽者不宜多吃。

湘西土家鱼

菜品特色：鲜香醇厚，味道鲜美。

主料：鱼1条（约1100克）。

辅料：植物油30克，大葱、辣椒、姜、酱油、白糖、醋各10克，盐5克，鸡精2克。

制作过程：

1 鱼处理干净，斩块；大葱、辣椒洗净，切段；姜洗净，切成片。

2 锅置火上，倒入适量油，烧热，放入姜片、辣椒爆香，放入鱼，稍煎一下。

3 放入大葱、酱油、鸡精、白糖、醋炒匀，倒入适量水大火烧沸，转小火焖15分钟，调入盐、鸡精调味即可。

飘香牛蛙

菜品特色：味道鲜香，回味悠长。

主料：牛蛙300克，莴笋200克，酸菜、粉丝各100克。

辅料：植物油30克，盐、花椒各5克，鸡精2克，高汤适量。

制作过程：

1 牛蛙处理干净；酸菜洗净，切段；莴笋洗净，切条；粉丝泡发，打成小结。

2 锅置火上，加水烧沸，放入粉丝煮5分钟捞出。

3 油烧热，下花椒炒香，放入牛蛙、酸菜、莴笋翻炒。

4 调入盐、鸡精，炒至熟，倒入高汤，放入粉丝煮熟，装盘即可。

藤椒油浸鲜腰

菜品特色：美味可口，色泽鲜艳。

主料：猪腰500克，白萝卜30克。

辅料：青椒、红椒、植物油各20克，花椒、料酒、藤椒油各10克，酱油、盐各5克。

制作过程：

1 猪腰处理干净；白萝卜、青椒、红椒均洗净，切丝。

2 锅置火上，加水烧热，放入腰花稍烫，捞出，沥干水分。

3 锅内倒入适量油，烧热，下花椒爆香，放入腰花滑炒，调入盐、酱油、料酒炒匀。

4 放入青椒、红椒，倒入藤椒油，倒入适量水煮熟。

5 装盘，用白萝卜丝点缀即可。

龙眼丸子

菜品特色：美味可口，肉质松软。

主料：猪肥瘦肉 250 克，鸡蛋 200 克。

辅料：植物油 15 克，香菇、葱、水淀粉各 10 克，酱油、姜、香油、盐、鸡精各 5 克。

制作过程：

1 猪肥瘦肉洗净，剁成肉泥。

2 姜、葱、香菇均洗净，剁碎，和肉泥装碗中，加入水淀粉、盐、香油、水搅拌至胶状。

3 鸡蛋煮熟，去壳，用肉泥包裹均匀，炸至表面金黄，捞出。

4 锅置火上，倒入适量油，烧热，入炸好的丸子翻炒，加入适量水煮开，加入酱油、鸡精调味，装盘即可。

五香熏鱼

菜品特色：肉质松软，回味悠长。

主料：鱼 300 克，生菜 100 克。

辅料：小米、植物油各 20 克，水淀粉 10 克，白糖、盐各 5 克，五香粉 3 克。

制作过程：

1 鱼处理干净，将盐、水淀粉和五香粉拌匀，均匀地涂抹在鱼身上。

2 用白糖和小米烧焦后冒出的浓烟将鱼熏蒸制成熏鱼；生菜洗净。

3 锅内加水烧热，下生菜焯烫，捞出，沥干水分，摆盘。

4 锅下油烧热，放入熏鱼，用中火煎炸至熟，盛在生菜叶上即可。

口味猪蹄

菜品特色：香辣鲜浓，滋味浓郁。

主料：猪蹄 400 克。

辅料：植物油、红椒片各 20 克，干红椒、水淀粉、葱段各 10 克，大料、桂皮、酱油、豆瓣酱、辣椒酱、盐各 5 克，味精 2 克。

制作过程：

1 猪蹄刮净猪毛，切成大块，入油锅炸至呈金黄色，捞出。

2 锅内留少许油，炒香大料、桂皮、干红椒；放入猪蹄，加入适量清水，调入其余调味料，中火煨至猪蹄酥烂。

3 捡去干红椒、大料、桂皮；加入红椒片、葱段，用水淀粉勾芡，装盘即可。

豉香鲫鱼

菜品特色：辣而不燥，肉质香嫩。

主料：鲫鱼 2 条。

辅料：豆豉 30 克，植物油 20 克，酱油、香油、葱段、姜片、干红椒各 10 克，盐 5 克，味精 2 克。

制作过程：

1 鲫鱼处理干净，用盐、味精、酱油腌 15 分钟，在鱼肚中塞入葱段、姜片。

2 锅置火上，倒入适量油，烧热，放入干红椒炸香，捞起干红椒，再放入腌好的鲫鱼，大火炸至两面呈金黄色。

3 调入盐、味精、酱油、香油、豆豉炒匀，装盘即可。

大厨献招：

炸鱼时火要大，速度要快。

松香排骨

菜品特色：口味鲜香，营养丰富。

主料：排骨400克，松仁、青椒、红椒各20克。

辅料：植物油30克，干辣椒10克，葱、红油、酱油、料酒、水淀粉、盐各5克。

制作过程：

1 排骨处理干净，放入清水中浸泡出血水；青椒、红椒洗净，切丝；葱切段。

2 锅置火上，加入水烧热，放入排骨汆烫，捞出，沥干水分。

3 锅下油烧热，下干辣椒、松仁炒香，放入排骨煸炒，调入盐、料酒、酱油、红油炒匀。

4 放入青椒、红椒、葱，加入水淀粉焖煮至熟，汤汁收干，装盘即可。

双色虾球

菜品特色：香味十足，口感鲜美。

主料：虾仁400克，黄瓜100克。

辅料：植物油20克，水淀粉、青椒各10克，盐5克，枸杞10枚，高汤适量。

制作过程：

1 虾仁洗净，剁成蓉，与盐、水淀粉混合做成虾球；青椒去蒂，洗净，切丁；枸杞洗净；黄瓜去皮，洗净，切薄片，摆盘。

2 锅内倒入高汤，放入一半虾球、枸杞煮至八成熟，加入青椒略煮，调味，盛在盘的一端。

3 锅下油，烧热，放另一半虾球，炸熟，盛在盘的另一端即可。

特色臭桂花鱼

菜品特色：色泽鲜艳，嫩滑爽口。

主料：桂花鱼3条（约1500克），青椒、红椒各100克。

辅料：植物油30克，姜、料酒、红油、醋、水淀粉、盐各5克。

制作过程：

1. 桂花鱼处理干净，用淡盐水腌渍出臭味，将水淀粉涂抹在鱼身上；青椒、红椒均洗净，切圈；姜去皮，洗净，切末。
2. 锅置火上，倒入适量油，烧热，下姜爆香，放入桂花鱼煎炸，调入盐、料酒、醋、红油炒匀。
3. 放入青椒、红椒，待鱼八成熟，加入适量清水焖煮至熟，盛入干锅。

老妈带鱼

菜品特色：肉质鲜美，美味鲜香。

主料：精选白带鱼300克，泡红椒、野山椒各25克。

辅料：植物油30克，西红柿沙司、红油、料酒各8克，葱、姜、盐各5克，香油少许。

制作过程：

1. 带鱼清洗，切段，加入葱、姜、料酒、盐腌约15分钟，泡红椒洗净，切段。
2. 锅置火上，倒入适量油，烧热，下带鱼，小火炸至金黄色，捞出沥油。
3. 烧热红油，加入西红柿沙司、野山椒、泡红椒同炒至色红，加入少许清水烧沸至香味溢出。
4. 下炸过的带鱼稍焖入味，至汁稠浓，加入少许香油翻炒，装盘即可。

风味鲜鱿鱼

菜品特色：口味鲜香，营养丰富。

主料：鱿鱼500克。

辅料：植物油30克，料酒、蚝油各10克，熟芝麻、酱油、醋、盐各5克，鸡精2克。

制作过程：

1. 鱿鱼处理干净，切圈，入沸水锅中焯水，捞出，沥干水分。
2. 锅置火上，倒入适量油，烧热，放入鱿鱼爆炒至八成熟，调入盐、酱油、醋、料酒、蚝油、鸡精翻炒。
3. 加入适量清水稍焖，装盘，撒上熟芝麻即可。

大厨献招：

若加入香菜，会让此菜更美味。

外婆扣肉

主料：五花肉400克，梅菜200克，夹馍9个。

辅料：植物油20克，白糖8克，盐2克，蚝油3克，生抽5克，老抽2克，味精1克。

制作过程：

1. 五花肉汆熟，沥干，肉皮抹上白糖，皮朝下入油锅炸至变色，取出切成片。
2. 将五花肉皮朝下的放入碗中，码成一个田字形。
3. 梅菜泡发洗净，剁碎，待用。
4. 荷叶饼上屉加热。
5. 将盐、蚝油、生抽、老抽、味精调成味汁，顺着碗沿浇入碗底。
6. 将梅菜在五花肉上铺匀。
7. 蒸碗上屉，用中火蒸30分钟。
8. 取出后，扣入盘内，顺着盘沿摆放上荷叶饼即可。

大厨献招：

五花肉炸至表皮金黄即可捞出。

小贴士

肥胖症者不宜多食。

白菜扣肉

菜品特色：胖瘦相宜，肥而不腻，瘦而不干。

主料：五花肉 200 克，梅菜 100 克。

辅料：白菜 50 克，植物油 20 克，酱油 10 克，盐 5 克。

制作过程：

1 白菜洗净，加入少许水，入锅，调入盐煮熟；梅菜泡发洗净，切碎。

2 五花肉洗净，煮熟，抹上酱油，入油锅中炸成虎皮状，取出切成片。

3 将肉码入大碗中，铺上梅菜，调入盐、酱油，入蒸锅蒸熟，取出扣入白菜中即可。

大厨献招：

要将扣肉蒸至熟烂，否则不入味。

虾油猪蹄

菜品特色：美味可口，色泽鲜艳。

主料：猪蹄 500 克。

辅料：酱油、醋、虾油、盐各 5 克，味精 2 克。

制作过程：

1 猪蹄洗净，切成小块。

2 锅置火上，加入水烧热，放入猪蹄汆烫，捞出，沥干水分，装入盘中。

3 调入盐、酱油、醋、虾油，放入蒸锅，蒸熟取出即可。

大厨献招：

猪蹄蒸的时间久一点儿，口感更好。

小贴士

高血压患者不宜食用。

剁椒臭豆腐

主料：臭豆腐 350 克。

辅料：剁椒 10 克，酱油、剁椒油、葱各 5 克。

1. 臭豆腐洗净。
2. 葱洗净，切葱花。
3. 将臭豆腐装盘，铺上剁辣椒。
4. 上锅中蒸 30 分钟。
5. 淋入酱油、辣椒油，撒葱花，装盘即可。

大厨献招：

淋入适量红油，会让此菜更美味。

小窍门

制作臭豆腐的窍门

做臭豆腐时，要用酸汤拌入豆浆，做成酸汤豆腐。用酸汤豆腐发酵出的臭豆腐特有滋味。包豆腐时，包成 2 厘米长宽的正方块，尽量薄一点，用木板把豆腐中的水分压干。这样做成的臭豆腐软脆可口。把豆腐放在铺有稻草的木箱里发酵，发酵的时间会缩短。

小贴士

宜选用无异味、色泽正常的臭豆腐。炸臭豆腐时宜用少量油、小火煎，煎至两面金黄色即可，不宜煎太久。

酱油肉蒸春笋

主料：猪腿肉 400 克，春笋 200 克。

辅料：红椒、料酒各 10 克，蒜、酱油、白糖、花椒、盐各 5 克。

制作过程：

1. 酱油、白糖、花椒加入水煮开，调成味汁。
2. 猪腿肉洗净，沥干水分，放入调味汁中，密封腌渍；放通风处晾干，制成酱油肉，切成片。
3. 蒜洗净，切碎；红椒洗净，切段；春笋洗净，切成片。
4. 春笋片摆盘。
5. 酱油肉片盖在笋片上。
6. 烹入料酒，撒上红椒、蒜、盐，上锅隔水蒸熟即可。

大厨献招：

酱油肉用料酒、盐抓腌一下，味更好。

小贴士

疮疡患者不宜食用。

腊八豆蒸猪尾

主料：熟猪尾 500 克，腊八豆 100 克，熟花生米适量。

辅料：酱油、红油各 15 克，料酒 10 克，醋、盐各 5 克，味精 2 克，香菜少许。

制作过程：

1. 猪尾洗净，切段。
2. 香菜洗净，切段。
3. 将猪尾、腊八豆装入盘中。
4. 料酒、醋、盐、味精、酱油、红油调匀成汁，浇在盘中的猪尾、腊八豆上。
5. 将盘放入蒸锅中，蒸 40 分钟。
6. 取出，将蒸盘倒扣在摆盘中。
7. 放入熟花生米，撒上香菜即可。

大厨献招：

加入适量香油，此菜味道更佳。

小贴士

腊八豆性平味甘，含有丰富的营养成分，如氨基酸、维生素、功能性短肽、大豆异黄酮等生理活性物质，是营养价值较高的保健发酵食品。腊八豆具有开胃消食的功效，对营养不良也有一定疗效。脂肪肝，肝硬化，消化性溃疡，肾病综合征，肾功能衰竭，患有严重肝病、肾病、痛风、消化性溃疡、低碘者应禁食。

湘蒸腊肉

主料：腊肉 300 克。

辅料：热油 20 克，干辣椒、豆豉各 10 克，葱、醋、盐各 5 克，鸡精 1 克。

制作过程：

1 腊肉洗净，蒸熟。

2 将腊肉切成薄片。

3 切好的腊肉一一摆入蒸盘中。

4 干辣椒洗净，切段；豆豉切碎；葱洗净，切段。

5 锅置火上，下油烧热，放入干辣椒、豆豉炒香。

6 调入盐、鸡精、醋炒匀，与热油一起均匀倒在腊肉上。

7 将装有腊肉的蒸盘放入蒸锅内，蒸 40 分钟即可。

8 端出蒸盘，撒上葱段即可。

大厨献招：

有严重变色的腊肉不能食用。

小贴士

血脂较高者不宜多食。

芋头蒸仔排

菜品特色：美味可口，色泽鲜艳。
主料：排骨 300 克，芋头 100 克，菜心 30 克。
辅料：红椒 15 克，水淀粉、盐、酱油、料酒、蒜蓉各 5 克，香油适量。
制作过程：
1 排骨洗净，剁块，焯去血水，捞出，加入所有调味料拌匀，腌渍。
2 芋头去皮洗净，摆在排骨的四周。
3 菜心洗净，入沸水中焯一下；红椒洗净，切圈。
4 将排骨和芋头一起入蒸锅，蒸 25 分钟至熟，取出。
5 以菜心围边，再撒上红椒圈，淋上香油即可。

蒸三角肉

菜品特色：美味可口，肉质鲜嫩。
主料：带皮五花肉 1000 克，梅菜 100 克。
辅料：甜酒酿、酱油各 10 克，香菜段、盐各 5 克。
制作过程：
1 五花肉洗净，入锅煮熟，抹上盐、甜酒酿和酱油，入油锅中炸至肉皮呈金黄色。
2 将炸好的肉入锅煮至回软，捞出切三角块，装入碗中。
3 梅菜洗净，剁碎，装在肉块上，上锅蒸熟，取出，撒上香菜即可。
大厨献招：
五花肉蒸熟后，要放入油锅中炸至金黄色再捞起。

剁椒小排

菜品特色：肉质鲜嫩，香辣可口。

主料：排骨500克，剁椒100克。

辅料：醋、老抽各8克，料酒、盐各5克，味精2克。

制作过程：

1 排骨洗净，剁小块。

2 排骨置于盘中，加入盐、味精、醋、老抽、料酒拌匀后，铺上一层剁椒。

3 将装好的盘子放入蒸锅中蒸20分钟左右，取出即可。

大厨献招：

排骨最好先焯水。

青椒蒸茄子

菜品特色：清爽刮油，鲜美可口。

主料：茄子200克，青椒100克。

辅料：植物油20克，酱油、红椒各10克，盐5克，味精2克。

制作过程：

1 茄子洗净，切条，摆盘；青椒、红椒洗净，切成小块。

2 锅置火上，倒入适量油，烧热，放入青椒、红椒爆香，放盐、味精、酱油调成味汁。

3 淋在茄子上。

4 将盘子放入蒸锅中，隔水蒸熟即可。

大厨献招：

可以加入少许豆瓣酱，会让茄子更入味。

油淋童子鸡

菜品特色：颜色红亮，鲜嫩味香。

主料：童子鸡500克，黄瓜100克，青椒、红椒各50克。

辅料：植物油30克，料酒10克，姜、白糖、盐各5克，味精2克。

制作过程：

1 童子鸡处理干净；黄瓜、青椒、红椒、姜均洗净，切丝。

2 料酒、白糖、味精、盐兑成汁，童子鸡腌渍入味。将童子鸡上笼用旺火蒸熟取出，放入热油锅中，不断把油淋在鸡身上至鸡皮呈黄色，捞出，斩成条，装盘。

3 油热，将黄瓜丝、姜丝、青椒丝、红椒丝快速煸炒一下，调入盐、味精炒熟装盘即可。

双味鱼头

菜品特色：一鱼两味，细嫩鲜香，酸辣可口。

主料：鱼头500克，蔬菜面200克，剁椒、泡椒各50克。

辅料：醋、酱油各10克，料酒、盐各5克，味精2克。

制作过程：

1 鱼头洗净，一剖为二；蔬菜面入沸水中煮熟，捞起。

2 鱼头用盐、味精、酱油、料酒、醋腌渍30分钟，装入盘中，两边分别放上剁椒与泡椒。

3 放入蒸锅中蒸30分钟，取出，放上蔬菜面即可。

大厨献招：

剁椒、泡椒不要混合使用。

剁椒蒸鱼尾

菜品特色：美味可口，色泽鲜艳。

主料：草鱼鱼尾 300 克，面粉适量。

辅料：剁椒酱、红椒粒、植物油各 20 克，料酒 10 克，盐、葱花各 5 克。

制作过程：

1. 鱼尾处理干净，用盐、料酒腌入味。
2. 剁椒酱和面粉调匀成味料。
3. 把味料涂抹在鱼尾上，在盘中摆好，入笼蒸 8 分钟取出。
4. 锅置火上，倒入适量油，烧热，红椒粒、葱花炒香，淋在盘中鱼尾上，装盘即可。

大厨献招：

草鱼尾洗净后用姜涂抹，可去腥味。

剁椒鱼腩

菜品特色：味道鲜美，香辣可口。

主料：鱼腩 400 克，剁椒 100 克。

辅料：植物油 30 克，豆豉、葱花各 10 克，辣椒油、盐各 5 克，鸡精 2 克。

制作过程：

1. 鱼腩洗净，切成小块；剁椒洗净，切碎。
2. 锅置火上，倒入适量油，烧热，放入鱼腩炒至七成熟；加入豆豉和剁椒一起翻炒至入味，倒入适量清水焖煮。
3. 调入盐、鸡精、辣椒油稍焖，装盘，撒上葱花即可。

大厨献招：

最后滴几滴香油，会让此菜更鲜美。

蒸刁子鱼

菜品特色：肉质细嫩，鲜美无敌。

主料：浏阳刁子鱼 50 克。

辅料：姜粒、蒜粒各 10 克，盐、老干妈豆豉酱各 5 克，味精 2 克。

制作过程：

1. 刁子鱼处理干净，装入盘中。
2. 调入老干妈豆豉酱、蒜粒、姜粒、盐、味精拌匀。
3. 蒸锅上火，放入刁子鱼，蒸熟即可。

大厨献招：

蒸鱼时宜用中火，否则会把鱼蒸烂。

小贴士

胃肠道疾病患者忌食。

开胃鲈鱼

菜品特色：滋味鲜香，营养丰富。
主料：鲈鱼 600 克。
辅料：醋、酱油各 15 克，葱白、红椒、青椒各 10 克，盐 5 克，味精 2 克。
制作过程：
1. 鲈鱼处理干净；青椒、红椒、葱白洗净，切丝。
2. 用盐、味精、醋、酱油将鲈鱼腌渍 30 分钟，装入盘中，撒上葱白、红椒、青椒。
3. 鲈鱼放入蒸锅中，蒸 20 分钟，取出浇上醋即可。

大厨献招：
若加入少量枸杞子，此菜会更加美味。

小贴士
皮肤病、疮肿患者忌食。

剁椒蒸牛蛙

菜品特色：皮焦肉嫩，味道鲜美。
主料：牛蛙 200 克。
辅料：剁椒、植物油各 30 克，姜 10 克，淀粉、盐、葱、胡椒粉各 5 克，味精 2 克。
制作过程：
1. 牛蛙洗干净，斩件；姜切末；葱切花；牛蛙与剁椒、味精、淀粉、姜末拌匀，摆入碟内。
2. 蒸锅加水烧沸，放入用碟装好的牛蛙，用大火蒸 7 分钟至熟拿出。
3. 放上葱花、胡椒粉、盐；锅中油烧沸，淋在牛蛙上即可。

大厨献招：
若加入少量姜丝，味更好。

双椒蒸茄子

菜品特色：美味可口，色泽鲜艳。
主料：茄子 250 克，辣椒、泡椒各 50 克。
辅料：酱油、豆豉各 10 克，盐 5 克，味精 2 克。
制作过程：
1. 茄子洗净，去皮，切成片；辣椒、泡椒洗净，剁碎。
2. 茄子装入盘中，分别撒上泡椒、辣椒，淋上盐、味精、酱油、豆豉调成的味汁。
3. 盘子放入锅中，隔水蒸熟即可。

大厨献招：
茄子不去皮更有营养。

小贴士
脾胃虚寒、哮喘者不宜多吃。

椒香臭豆腐

菜品特色：口感酥脆、味道浓郁。

主料：臭豆腐300克，剁椒、青泡椒各50克。

辅料：生抽、香油各10克，葱花、蒜末各5克。

制作过程：

1. 臭豆腐洗净，切三角形块状；
2. 剁椒洗净，切碎；
3. 青泡椒洗净，切斜段。
4. 臭豆腐装盘，铺上剁椒、青泡椒，撒上蒜末，淋上生抽。
5. 入蒸锅蒸15分钟，取出。
6. 淋上香油，撒上葱花即可。

剁椒娃娃菜

菜品特色：美味可口，色泽鲜艳。

主料：娃娃菜150克，剁椒50克。

辅料：盐、酱油、青葱各5克。

制作过程：

1. 娃娃菜洗净，撕开；青葱洗净，切花。
2. 娃娃菜装盘，铺上剁椒，上锅蒸15分钟。
3. 盐和酱油调匀，淋在娃娃菜上，撒葱花即可。

大厨献招：

娃娃菜不宜久煮，否则营养会流失。

小贴士

应挑选个头小、手感结实的娃娃菜。娃娃菜用报纸包起来放在通风的地方，可保存一段时间。胃寒腹痛者不宜食用。

蒜蓉蒸葫芦

菜品特色：营养丰富，色香味俱全。

主料：葫芦瓜250克。

辅料：干辣椒30克，蒜、红油、植物油各20克，盐5克，味精2克。

制作过程：

1. 葫芦瓜洗净，切成片，放沸水中焯熟，装盘；蒜去皮，剁成蒜蓉；干辣椒洗净，剁碎。
2. 锅置火上，倒入适量油，烧热，放入蒜蓉和辣椒碎，爆香，调入盐、味精炒匀。
3. 淋上红油，浇在葫芦瓜上，上锅蒸熟即可。

大厨献招：

尽量选择嫩而不苦的葫芦瓜。

鱼香肠肚煲

主料：猪肚、猪大肠各 250 克。

辅料：植物油 20 克，料酒、酱油、青椒、红椒各 10 克，盐 5 克，鸡精 2 克。

制作过程：

1. 猪肚处理干净。
2. 将猪肚放入沸水锅中，焯熟。
3. 将焯熟的猪肚捞出，沥干水分，切成片。
4. 肥肠放入沸水锅中，焯熟。
5. 将焯熟的肥肠捞出，沥干水分，切段。
6. 青椒、红椒洗净，切成片。
7. 锅置火上，倒入适量油，烧热，放入肥肠煸炒至出油，加入猪肚，烹入料酒、酱油翻炒片刻，加少量水，大火煮开。
8. 调至小火，煮至猪肠、猪肚九分熟时，放入盐、鸡精、青椒、红椒，煮至汁浓，盛入煲内即可。

大厨献招：

放一些醋和盐可以洗掉猪肚表皮上的黏液。

小贴士

脾胃虚寒者不宜多食。

菜品特色：汤汁醇香，鲜香味美。

湘潭水煮活鱼

主料：鲜鱼 500 克。

辅料：青椒、红椒、植物油各 20 克，辣椒油、姜各 10 克，盐 5 克，鸡精 2 克，高汤适量。

制作过程：

1. 姜去皮洗净，切成片；青椒、红椒去蒂，洗净，切圈。
2. 鲜鱼去掉鱼鳞和内脏，洗净。
3. 处理干净的鱼切成两段，备用。
4. 锅置火上，倒入适量油，烧热，加入姜片、青椒、红椒炒香，放入高汤大火烧沸。
5. 放入切成两段的鲜鱼烹熟。
6. 调入盐、鸡精、辣椒油煮入味即可。

大厨献招：

将鸡蛋清均匀涂抹在鱼身上再烹制，这样味道更佳。

小贴士

腹泻者不宜食用。

炖鱼子

菜品特色：汤汁醇香，鲜香味美。
主料：鱼子、鱼鳔各 250 克。
辅料：植物油、香菜各 20 克，酱油、葱、红辣椒各 10 克，盐 5 克，味精 2 克。
制作过程：
1. 鱼子洗净；鱼鳔处理干净；葱、香菜洗净，切段；红辣椒洗净，切成片。
2. 锅置火上，倒入适量油，烧热，放入红辣椒爆香，加入鱼子、鱼鳔，翻炒至熟。
3. 倒入适量清水，炖 20 分钟，调入盐、味精、酱油，装盘，撒上香菜、葱即可。

大厨献招：
选择老嫩适当的鱼子，能更加入味。

酱油菜脯煮杂鱼

菜品特色：味道香浓，口感鲜美。
主料：新鲜杂鱼 200 克，菜脯、朝天椒、青蒜各 50 克。
辅料：姜丝、糖、酱油、盐各 5 克，味精 3 克。
制作过程：
1. 杂鱼去内脏，洗干净；菜脯切碎；朝天椒切成片；青蒜切斜片。
2. 炒锅中下少许水，调入酱油、味精、糖、姜丝、朝天椒、菜脯煮开。
3. 放入杂鱼、青蒜煮开，加盐即可。

大厨献招：
煮鱼时宜用中火。

丝瓜炖油豆腐

菜品特色：味道浓香，营养丰富。
主料：油豆腐 100 克，丝瓜 80 克。
辅料：植物油 15 克，料酒、蒜片各 5 克，盐 3 克，味精、香油各 2 克。
制作过程：
1. 丝瓜削皮，切滚刀块；油豆腐洗净。
2. 锅置火上，入油烧至五成热，下入蒜片略炸，将丝瓜加入拌炒至熟软；下入油豆腐翻炒 3 分钟。
3. 调入调味料，掺入适量水，炖至水将干，装盘即可。

大厨献招：
丝瓜最好切成小块，不要切太薄。

石锅酱香茄子

主料：茄子 500 克，猪肉末适量。

辅料：植物油 20 克，水淀粉、青椒、红椒各 10 克，盐、蒜、酱油各 5 克。

制作过程：

1 茄子去蒂，洗净，切条状。

2 青椒、红椒均洗净，切丁；蒜洗净，切末。

3 锅置火上，加入水烧热，放入茄子焯水，捞出，沥干水分。

4 另起锅，倒入适量油，烧热，放入肉末炒香。

5 放入茄子滑炒；调入盐、酱油，放水淀粉焖煮；待汤汁收浓，盛入石锅中。

6 另下油，下蒜、青椒、红椒爆香。

7 倒在茄子上，装盘即可。

大厨献招：

茄子吸油，烹饪时要多加点儿油，这样味道更好。

小贴士

肺结核患者不宜多食。

菜品特色：香味十足，鲜而不腻。

干锅肥肠

主料：猪大肠 400 克。

辅料：植物油、干辣椒各 20 克，青椒、红椒各 10 克，葱、蒜、辣椒油、盐各 5 克，鸡精 2 克，高汤适量。

制作过程：

1. 肥肠处理干净，放入沸水锅中，焯熟。
2. 将焯熟的肥肠捞出，沥干水分，切圈，过油。
3. 青椒、红椒去蒂，洗净切成丁。
4. 蒜去皮，洗净；葱、干辣椒洗净，切段。
5. 锅置火上，倒入适量油，烧热，放入蒜炒香。
6. 放入干辣椒，翻炒片刻。
7. 倒入肥肠圈，炒至八成熟时，放入青椒、红椒炒熟。
8. 调入盐、鸡精、高汤、辣椒油，加入葱，炒匀入味即可。

大厨献招：

把肥肠炒出油，放入的调料味才厚重。

小贴士

消化不良者不宜多食。

土钵猪蹄

主料：猪蹄 500 克。

辅料：鹌鹑蛋 6 个，圣女果 3 个，植物油 20 克，料酒 10 克，盐 5 克，醋、红油、酱油各 5 毫升，鸡精 3 克。

制作过程：

1. 猪蹄处理干净。
2. 鹌鹑蛋放入锅中，加水煮熟。
3. 将煮熟的鹌鹑蛋去壳；圣女果洗净。
4. 猪蹄汆烫，捞出，沥干水分，切块。
5. 锅置火上，倒入适量油，烧热，放入猪蹄翻炒。
6. 调入盐、鸡精、酱油、料酒、醋、红油炒匀，加入适量清水，焖煮至熟。
7. 待汤汁变浓，装盘，将鹌鹑蛋、圣女果摆入钵即可。

大厨献招：

用砂锅煲猪蹄，味更美。

小贴士

慢性肝炎患者不宜食用。

湘西腊肉钵

菜品特色：肉质软嫩，鲜香可口。

主料：腊肉 250 克，香干 100 克。

辅料：植物油 20 克，酱油、辣椒油、蒜头、辣椒各 15 克，香菜、盐各 5 克，味精 2 克。

制作过程：

1. 腊肉洗净，切成片；香干洗净，切成片；蒜头去皮，洗净；辣椒洗净，切段。
2. 锅置火上，倒入适量油，烧热，放入辣椒、蒜头爆香，加入腊肉、香干，大火煸炒 2 分钟。
3. 调入盐、味精、酱油、辣椒油，撒上香菜，盛入钵中即可。

大厨献招：

香干切薄片，更容易入味。

常德鸡杂钵

菜品特色：酸辣适口，营养丰富。

主料：鸡肠、鸡肝、鸡子、鸡肾各 100 克。

辅料：植物油 30 克，红椒段、蒜苗段各 15 克，蒜瓣、白醋、红油、盐各 5 克，高汤适量。

制作过程：

1. 鸡肠洗净，切段；鸡肝、鸡肾洗净，切成片；鸡子洗净；蒜瓣洗净。
2. 锅置火上，倒入适量油，烧热，下蒜苗段、蒜瓣、红椒段炒香。
3. 入鸡肠、鸡肾、鸡肝、鸡子翻炒。
4. 倒入高汤烧沸，调入盐、白醋，淋入红油即可。

大厨献招：

不要购买隔夜的鸡杂。

常德甲鱼钵

菜品特色：营养丰富，软嫩可口。

主料：甲鱼 700 克，蒜苗 50 克。

辅料：植物油、酱油、料酒各 20 克，辣椒油、红椒各 10 克，盐 5 克，味精 2 克。

制作过程：

1. 甲鱼处理干净；蒜苗洗净，切段；红椒洗净。
2. 锅置火上，倒入适量油，烧热，放入甲鱼稍炒，倒入适量清水焖煮。
3. 煮沸，倒入酱油、辣椒油、料酒一起焖煮片刻。
4. 放入蒜苗、红椒煮至熟，调入盐、味精，装碗即可。

大厨献招：

可加入适量蒜蓉，此菜味道更佳。

常德红油土鸡钵

菜品特色：香味十足，营养丰富。

主料：土鸡 1 只（约 1000 克）。

辅料：青椒、红椒、红油、植物油各 20 克，干辣椒、大蒜各 15 克，酱油、葱、盐各 5 克，味精 2 克。

制作过程：

1. 土鸡处理干净，切成小块；青椒、红椒洗净，切成片；干辣椒洗净，切圈；葱洗净，切花。
2. 锅置火上，倒入适量油，烧热，放入鸡块翻炒至变色，加入青椒、红椒、大蒜、干辣椒炒匀。
3. 倒入适量清水，倒入酱油、红油煮至熟，调入盐、味精，撒上葱花即可。

大厨献招：

鸡胸去掉白色的筋膜，味更佳。

干锅鸭头

菜品特色：鲜咸醇香，香辣适口。

主料：鸭头 400 克，豆豉、青椒、红椒各 50 克。

辅料：大蒜、植物油各 15 克，料酒 10 克，红油、酱油、盐各 5 克，鸡精 2 克。

制作过程：

1 鸭头处理干净；青椒、红椒洗净，切成小块；大蒜去皮，洗净，切成片。

2 锅置火上，倒入适量油，烧热，放入鸭头爆炒至八成熟，放入青椒、红椒、豆豉、大蒜同炒至香，倒入适量清水焖煮。

3 调入盐、鸡精、红油、酱油、料酒焖煮至入味、汁干，倒在干锅中即可。

大厨献招：

鸭头最好用大火爆炒，更入味。

原味豆皮钵

菜品特色：美味可口，香气诱人。

主料：豆腐皮 300 克，红椒 30 克。

辅料：植物油 20 克，葱、生抽、盐各 5 克，鸡精各 2 克，高汤适量。

制作过程：

1 豆腐皮泡软，洗净，切成片；红椒去蒂，洗净，切圈；葱洗净，切长段。

2 锅置火上，倒入适量油，烧热，放入豆腐皮炸香，放入红椒，调入生抽翻炒，倒入高汤煲熟。

3 调入盐、鸡精，撒入葱段即可。

大厨献招：

加入一些酸笋汁，味更美。

干锅黄鱼

菜品特色：香味十足，营养丰富。

主料：黄鱼 500 克。

辅料：植物油 20 克，姜片、辣椒段、葱段、蒜头各 10 克，酱油、豆瓣酱、辣酱、料酒、红油、盐各 5 克。

制作过程：

1. 黄鱼处理干净，用盐、酱油腌渍 15 分钟。
2. 锅置火上，入油烧至六成热，放入蒜头炸香，放入黄鱼，炸至两面呈微黄色，捞出。
3. 锅内留底油，下姜片、辣椒段、豆瓣酱、辣酱炒香，放入黄鱼、蒜头、葱段，烹入料酒。
4. 倒入水用大火烧沸，调入盐、红油，装入干锅即可。

炝锅仔兔

菜品特色：肉质软嫩，香辣可口。

主料：兔肉 400 克，黄瓜 30 克。

辅料：植物油 20 克，酱油、干辣椒、盐各 5 克，味精 2 克。

制作过程：

1. 兔肉洗净，切成小块。
2. 干辣椒洗净，切段。
3. 黄瓜洗净，切成小块。
4. 锅置火上，倒入适量油，烧热，下干辣椒炒香，放入肉块炒至变色。
5. 加入黄瓜一起翻炒。
6. 炒至熟，调入盐、味精、酱油拌匀，装盘即可。

石锅大虾

菜品特色：香味十足，营养丰富。
主料：虾 300 克。
辅料：洋葱、植物油各 30 克，醋、葱、姜、蒜、盐各 5 克，鸡精 2 克。
制作过程：
1 虾处理干净；洋葱洗净，切圈；葱洗净，切段；姜去皮，洗净，切成片；蒜去皮，洗净。
2 锅置火上，倒入适量油，烧热，下姜、蒜爆香，放入虾煎炸片刻，加入洋葱，调入盐、鸡精、醋炒匀。
3 快熟时，放入葱段略炒，装入石锅即可。
大厨献招：
挑去虾线再烹饪，口感更好。

干锅牛杂

菜品特色：香辣适口，营养丰富。
主料：牛杂 400 克，干辣椒 100 克。
辅料：生姜、料酒、老抽各 10 克，盐 3 克，鸡精 1 克。
制作过程：
1 牛杂洗净，入沸水锅中汆水，沥干水分，待用。
2 干辣椒洗净，切段；生姜洗净，切成片。
3 炒锅置火上，倒入适量油，烧热，放入干辣椒和生姜炒香，加入牛杂煸炒至熟。
4 调入盐、鸡精、料酒、老抽调味，起锅倒在干锅中即可。
大厨献招：
牛杂不要汆得太熟。

平锅湘之驴

菜品特色：肉质软嫩，肥瘦相宜。
主料：驴肉 300 克，青椒、红椒各 50 克。
辅料：姜 5 克，盐 3 克，鸡精 2 克，料酒、醋、酱油各适量。
制作过程：
1 驴肉洗净，切成片；青椒、红椒均去蒂洗净，切圈；姜去皮洗净，切末。
2 锅内注水烧热，放驴肉片焯烫，捞出沥干，待用。
3 锅置火上，倒入适量油，烧热，下姜爆香，放入驴肉滑炒片刻。
4 放入青椒、红椒，调入盐、鸡精、料酒、醋、酱油，炒熟出锅即可。

竹笋牛腩煲

菜品特色：汤汁醇香，鲜香味美。
主料：牛腩 500 克，竹笋 150 克
辅料：植物油 20 克，酱油、料酒、红油、独大蒜头、青椒、红椒、盐各 5 克。
制作过程：

1. 牛腩洗净，切成小块。
2. 竹笋洗净，切段。
3. 大蒜去皮，洗净。
4. 锅置火上，倒入适量油，烧热，下青椒、红椒、大蒜爆香，入牛腩、竹笋同炒片刻。
5. 加入水同煮至肉烂，调入盐、酱油、料酒，淋红油即可。

石煲香菇牛腩

菜品特色：味道香浓，口感鲜美。
主料：牛腩 400 克，香菇 100 克。
辅料：植物油 20 克，酱油、料酒、水淀粉、盐各 5 克，鸡精 2 克。
制作过程：

1. 牛腩洗净，切成小块；香菇去根部，泡发洗净。
2. 锅内加入水烧热，放入牛腩汆水，捞出，沥干水分。
3. 锅下油烧热，放入牛腩滑炒几分钟，放入香菇，调入盐、鸡精、料酒、酱油炒匀。
4. 快熟时，加入适量水淀粉焖煮，待汤汁收干，盛入石煲中即可。

咸鱼酱焖茄子煲

菜品特色：味道浓香，营养丰富。
主料：茄子 200 克，咸鱼 150 克。
辅料：植物油 20 克，辣椒酱、葱、酱油、盐各 5 克，鸡精 2 克，高汤适量。
制作过程：

1. 咸鱼处理干净，切丁；茄子洗净，去皮，切条；葱洗净，切小段。
2. 锅置火上，倒入适量油，烧热，放入咸鱼炒香，盛起。
3. 锅留余油，调入少许盐、鸡精、酱油，放入辣椒酱、茄子炒香。
4. 与咸鱼、高汤一起放入砂锅中拌匀，加盖焖熟，撒入葱段即可。

农家砂煲四季豆

主料：四季豆 200 克，猪肉 50 克。

辅料：干辣椒 20 克，酱油、盐各 5 克，味精 2 克。

制作过程：

1. 猪肉处理干净，切成片。
2. 四季豆洗净，切段；干辣椒切段。
3. 锅置火上，烧干，入四季豆煸炒至软，盛起。
4. 另起锅，放入肉片，翻炒至出油。
5. 肉片入少许酱油着色，倒入炒过的四季豆于锅中拌炒，调入盐、味精，待香味散发。
6. 加入干辣椒段略炒，盛在砂煲中即可。

醋溜牛肉羹面

主料：面条250克，牛后腿肉200克，西红柿80克，香菜、洋葱、青椒各20克。

辅料：植物油20克，大葱、姜、蒜、干辣椒、番茄酱各10克，盐、糖、淀粉、醋、鸡蛋清、酱油各5克。

制作过程：

1 牛肉洗净，切成片；西红柿、洋葱、青椒洗净，切块；香菜洗净，切段。

2 用淀粉、水、鸡蛋清、植物油将牛肉片腌入味。

3 葱、姜、蒜均洗净，切末；干辣椒切段，备用。

4 锅置火上，倒入适量油烧热，放入葱末翻炒，再放入腌好的牛肉片翻炒片刻。

5 倒入番茄酱炒香，至亮红色；加入其余主料拌炒；调入醋翻炒。

6 另起锅，倒入适量水，煮沸，放入面条煮熟。

7 将煮熟的面条盛入大碗中，倒入牛肉羹。

8 撒上香菜即可。

大厨献招：

醋要最后加入，味道更鲜。

三角豆腐

主料：水豆腐 25 片，豆豉 100 克。

辅料：植物油 200 克，猪骨汤 1500 毫升，酱油 25 克，葱花、蒜瓣、辣椒粉、盐各 5 克，味精、香油各 2 克。

制作过程：

1 水豆腐沥干水分，对角划成三角形。

2 将豆豉酱切碎，备用。

3 锅置火上，倒入适量猪骨汤，加入豆豉、盐制成骨头汤。

4 另起锅，倒入适量植物油，烧至六成热，放豆腐，炸至金黄色沥干油。

5 豆豉骨头汤煮沸，下炸豆腐。

6 放入盐，熬煮 30 分钟。

7 取碗放入辣椒粉、葱花、蒜瓣、酱油、味精调成味汁。

8 带汤舀入豆腐，淋上香油即可。

大厨献招：

豆腐炸制时宜小火。

小贴士

蜂蜜与豆腐同食易腹泻。

菜品特色：香味诱人，软嫩可口。

蘑菇窝窝面

主料：面粉 150 克，蘑菇 50 克。

辅料：鸡蛋 2 个，肉末、核桃仁、黑木耳丝、蒜苗各 20 克，葱丝、香油、酱油各 5 克，鸡汤适量。

制作过程：

1. 面粉加入鸡蛋和匀，搓成条状。
2. 将揉好的条状面团切成小方丁，备用。
3. 锅置火上，倒入适量油，烧热，倒入鸡蛋液，煎成蛋饼，冷却后切丝。
4. 面丁置干面中拌匀，用筷子的圆头戳成圆窝形。
5. 窝窝面下沸水锅煮熟，盛入碗中。
6. 另起锅，倒入适量油，烧热煸炒肉末，加入酱油和鸡汤。
7. 蘑菇切片，入锅同煮。
8. 再撒核桃仁、蛋丝、蒜苗、葱丝、黑木耳丝，淋入香油即可做成汤汁；将汤汁淋在面上。

大厨献招：

黑木耳加入面粉抓洗，可洗净泥沙。

小贴士

核桃不宜与酒同食。

红煨地羊肉

菜品特色：肉质松软，软嫩可口。
主料：地羊肉 750 克，猪骨清汤 500 毫升。
辅料：植物油 100 克，料酒、桂皮、蒜瓣、干辣椒、白胡椒粉、盐、香油、酱油各 5 克，鸡精 2 克。
制作过程：

1. 地羊肉去毛，用温水浸泡，加入冷水煮沸，去骨，切成小块。
2. 植物油烧至八成热时，爆地羊肉 5 分钟，边炒边淋料酒和酱油。
3. 在垫篾垫的瓦钵内放肉、猪骨清汤、干辣椒、盐、桂皮，大火煮沸，小火煨熟。
4. 去辣椒、桂皮，加入蒜瓣、鸡精、白胡椒粉，勾芡，淋香油即可。

肠旺面

菜品特色：香味十足，回味悠长。
主料：豆腐、熟猪肉各 250 克，鸡蛋面 90 克，半熟猪大肠 50 克。
辅料：血旺 25 克，绿豆芽、红油、糍粑、辣椒各 10 克，豆腐乳、醋、甜酒酿、蒜泥、姜末、葱花各 5 克，鸡精 3 克，高汤适量。
制作过程：

1. 半熟猪大肠切成小块；熟猪肉切丁，加入醋、甜酒酿炒脆臊；豆腐切丁，泡盐水，炸泡臊。
2. 泡臊加入脆臊、糍粑、辣椒、姜末、蒜泥、豆腐乳及水，煮开，滤油。
3. 煮熟绿豆芽、血旺片，加大肠、汤料、高汤、红油、鸡精、葱花入面即可。

桂花粑粑

菜品特色：软嫩可口，香甜美味。
主料：糯米 600 克。
辅料：豌豆粉、绵白糖各 120 克，桂花糖 15 克。
制作过程：
1. 糯米泡 3 小时洗净，沥干水分，入蒸锅，用大火蒸30分钟，浇一次热水，再蒸30分钟，捣成泥团。
2. 取一半豌豆粉与桂花糖、绵白糖拌成馅。
3. 案板上撒一层豌豆粉，将糯米泥团揉匀，搓条撒豌豆粉，摘成 50 个剂子，包入馅料，对折成半圆形，压紧边沿，蘸上豌豆粉即可。

大厨献招：
豌豆粉内可掺薄荷油，这样味道更为清爽。

小贴士
糖尿病患者应不食或少食。

肉松芝麻酥

菜品特色：香甜可口，营养丰富。
主料：低筋面粉 300 克，黄油 220 克，牛奶 150 毫升。
辅料：糖 50 克，植物油 20 克，鸡蛋液、猪肉松、芝麻各 10 克。
制作过程：
1. 黄油 200 克切成片，置于保鲜袋内，擀薄片。
2. 剩余黄油切丁，和低筋面粉、牛奶、糖揉匀，冷藏 20 分钟，擀为长黄油片 2 倍的面皮；黄油包入面皮擀长，两端向中对折至完全，冷藏 20 分钟，擀折冷藏，重复2次；面皮擀平，切长剂子，涂蛋液，撒上芝麻、猪肉松。
3. 烤箱预热 200℃，烤 20 分钟即可。

五香油虾

菜品特色：营养丰富，色泽鲜美。
主料：河虾 250 克。
辅料：植物油 350 克，葱花 20 克，料酒、姜片、糖、五香粉、盐各 5 克，香油 2 克。
制作过程：
1 虾去须、脚，洗净沥干水分，放姜片、葱花、料酒、五香粉、糖和盐拌匀，腌渍 40 分钟。
2 锅置火上，入油烧至七成热，下虾入锅（拣出姜片、葱花），炸至红色，捞出，沥油。
3 装盘，撒葱花，淋上香油即可。
大厨献招：
炸制时间不宜过长，以脆嫩为佳。

小贴士
虾忌与葡萄、石榴等同食。

西杏饼干

菜品特色：香味十足，软嫩可口。
主料：松皮 250 克，西杏片 50 克。
辅料：可可粉、班兰叶汁各 20 克。
制作过程：
1 将松皮分成两份，一份与西杏片、可可粉混合，另一份加入班兰叶汁。
2 搓匀后，将加入班兰叶汁的皮擀成长方形。
3 另一份搓成长条形，放在班兰叶皮上，卷起圆柱。
4 切厚 2 厘米的饼，用温度 230℃烤 15 分钟后，收火至 150℃，烤 10 分钟即可。
大厨献招：
烘烤要掌握好温度、时间，以免影响口感。

雪花团子

菜品特色：香甜可口，香味诱人。

主料：大米 800 克，糯米 200 克。

辅料：绵白糖 250 克。

制作过程：

1. 大米、糯米各泡 4 ~ 8 小时，洗净，沥干水分；大米加 900 毫升水磨浆，入布袋挤干；糯米放入盆内。
2. 200 克大米粉制饼，煮熟后加入未煮的粉子揉匀，摘成 20 个剂子，搓成上尖下圆的宝塔状，加入糯米。
3. 笼内铺上干净的布，蒸 1 小时，趁热撒上绵白糖即可。

小贴士

大米应磨细成浆。

珍珠面

菜品特色：色泽鲜美，回味无穷。

主料：白面 150 克，鸡汤 3 杯，鸡蛋清 2 个。

辅料：植物油 8 克，香葱、料酒、胡椒粉、盐各 5 克。

制作过程：

1. 白面加入蛋清、清水调成面糊；面糊用漏勺滤至水锅中，煮熟，装碗。
2. 锅置火上，倒入适量油，烧热，下葱花炝锅，烹料酒，放入鸡汤、胡椒粉、盐煮沸，倒入面碗即可。

大厨献招：

铝锅中加入 2/3 清水，煮沸，借用不锈钢漏勺的圆眼将面糊过滤，淋在沸水中，煮 5 分钟熟。

小贴士

婴儿不宜吃鸡蛋清。

葵花糍粑

菜品特色：香甜可口，回味无穷。
主料：糯米 750 克，葵花子 200 克。
辅料：植物油 20 克，糖 10 克。
制作过程：
1. 糯米浸泡一夜，蒸熟凉凉，加入糖捣成泥。
2. 糯米泥入长方形容器压实，冰冻 30 分钟，取出撒葵花子，按压使葵花子充分粘住糍粑。
3. 粘葵花子的糍粑切小块，逐块下油锅，炸至金黄色，装盘即可。

小贴士
肝炎患者少食葵花子。

菠菜肉丝汤面

菜品特色：肉质鲜美，色香味俱佳。
主料：面条 500 克，菠菜 200 克，猪腿肉 150 克，肉骨鲜汤适量。
辅料：植物油 10 克，大葱、姜、盐、料酒、酱油各 5 克。
制作过程：
1. 葱、姜去皮，洗净，切末；猪腿肉洗净，切丝，菠菜洗净，焯熟。
2. 用植物油炒香葱末，放入肉丝，快速炒散，加入酱油、料酒、姜末、盐炒熟。
3. 面条放入沸水煮熟，置碗；铺上菠菜、肉丝，倒入肉骨鲜汤即可。
大厨献招：
选用嫩一些的菠菜，味道会更佳。

春卷皮卷乌龙面

菜品特色：香浓美味，营养丰富。

主料：春卷皮1片，乌龙面条100克，小黄瓜、豆芽菜各50克。

辅料：西芹、鲜虾、豆瓣酱、鱼露各20克。

制作过程：

1. 豆芽菜焯熟；黄瓜洗净，切条；西芹切条，去粗纤维；将乌龙面条焯烫开，沥干水分；鲜虾洗净，焯熟，去头尾壳。
2. 豆瓣酱、鱼露混合调成酱汁；春卷皮摊开，放上虾、豆芽、黄瓜、西芹、面卷起，切段。
3. 乌龙面春卷蘸上酱汁食用即可。

桃酥

菜品特色：香味十足，软嫩可口。

主料：熟面粉500克，熟芝麻、熟花生米各60克，鸡蛋1个。

辅料：糖粉400克，植物油150克，发酵粉50克，小苏打20克。

制作过程：

1. 熟花生去衣，与熟芝麻一起碾成碎屑。
2. 面粉过筛，加入花生碎、芝麻碎拌匀，加糖粉、鸡蛋、油、小苏打、发酵粉、清水揉成面团。
3. 分为若干剂子，搓圆压扁成桃酥坯。
4. 烤箱预热150℃，放入桃酥坯，烤至表面金黄微凸即可。

肉丸粥

菜品特色：肉质鲜美，色香味俱佳。
主料：大米、瘦肉各 150 克。
辅料：鸡蛋 2 个，葱末、姜末、料酒、水淀粉、盐各 5 克，鸡精 3 克。
制作过程：
1 大米洗净，浸泡 30 分钟。
2 瘦肉剁泥，加入葱末、姜末、盐、鸡精、料酒、水淀粉、鸡蛋清搅拌，挤成丸子。
3 煮沸足量水，放入大米熬至粥成。
4 放肉丸，煮沸 2 ~ 3 次，肉熟熄火，加入盐调味即可。

虾米菠菜粥

菜品特色：香味十足，回味无穷。
主料：大米 100 克，菠菜 30 克。
辅料：虾米 15 克，盐 5 克。
制作过程
1 大米淘洗干净。
2 虾米泡水。
3 菠菜洗净，焯烫，切段。
4 锅置火上，加入适量水，煮沸，放入大米、虾米熬煮成粥。
5 待粥熟，放菠菜，加入盐调味即可。

小贴士
患有皮肤疥癣者忌食。

山楂荷叶粥

菜品特色：味道鲜美，营养丰富。
主料：大米 60 克。
辅料：荷叶半张，核桃仁 10 克，山楂、贝母各 8 克。
制作过程：
1 大米淘洗干净，浸泡 30 分钟。
2 荷叶、核桃仁、山楂、贝母洗净，切碎，加入水煮沸 30 分钟，去渣取汁。
3 放入大米，大火煮沸。
4 转用小火，熬成稀粥即可。

小贴士
孕妇、儿童和胃酸分泌过多者不宜食用山楂。

排楼汤圆

菜品特色：香味十足，软嫩可口。
主料：大米 1250 克。
辅料：葱花 150 克，盐 10 克，五香粉 5 克，白胡椒粉 2 克。
制作过程：
1 大米浸泡 6 小时，洗净，沥干水分，加入冷水 500 毫升磨成细米浆。
2 米浆加入盐、五香粉煮熟，稍冷，揉光揉透，搓成竹筷粗的圆条，横切 1.4 厘米长的段，即成汤圆。
3 锅中加入水 2500 毫升，煮沸，下汤圆，加入盐，煮 5 分钟，带汤盛出，撒葱花、白胡椒粉即可。

第四章

创新湘菜

菜品特色：清爽开胃，味道鲜美。

大展宏图

主料：心里美萝卜 250 克，洋葱 150 克，青椒、红椒各 30 克。

辅料：酱油、醋、盐各 5 克，香油 2 克。

制作过程：

1. 心里美萝卜去皮，洗净，切成小块。
2. 洋葱洗净，切圈；青椒、红椒均去蒂，洗净，切圈。
3. 锅置火上，倒入适量清水烧沸，分别将心里美萝卜、洋葱、青椒、红椒焯熟。
4. 捞出，过凉白开，沥干水分，装盘。
5. 调入盐、酱油、醋、香油，拌匀即可。

大厨献招：

加入适量蚝油，会让此菜更美味。

小窍门

切洋葱的窍门

在切洋葱时，会散发出强烈的辣味，很刺眼。①如将洋葱放进冰箱冷冻室里，过 1～2 分钟后拿出再切，就不会刺眼了。若洋葱的刺激已使眼睛流泪了，可以打开冰箱，将脸对着冰箱，流泪症状很快就会消失。②先将洋葱用水或温水泡一下再切，刺激的气味将会锐减，眼睛就不会流泪了。③在切洋葱前，将菜刀在凉水里浸泡一下再切，或在菜板旁放一盆凉水，边蘸水边切，均可有效地减轻辣味的散发。

湘夏大刀耳叶

主料：卤汁 800 克，猪耳 400 克。

辅料：热油 30 克，老抽、生抽各 10 克，大料、桂皮、盐各 5 克。

制作过程：

1 猪耳处理干净。

2 大料、桂皮均洗净。

3 将大料、桂皮、老抽、生抽放入大碗中，调成味汁备用。

4 锅置火上，倒入卤汁和调好的味汁，加入盐烧沸，放入猪耳，用慢火卤制 2 小时。

5 取出猪耳，切薄片，装入盘。

6 另起锅，烧热油，下生抽稍煮，装碗，摆入盘中即可。

大厨献招：

猪耳在炭火上烤一下，即可除毛，味道也更香。

小贴士

内火旺盛者不宜多食。

湘辣猪三件

菜品特色：咸鲜微辣，鲜嫩可口。
主料：卤猪耳、卤猪脸、酱猪肉各 80 克。
辅料：蒜苗、红椒各 20 克，植物油 15 克，香油 10 克，盐 5 克，味精 3 克。
制作过程：
1. 卤猪耳、卤猪脸、酱猪肉均切成小块，摆盘；蒜苗洗净，切段；红椒洗净，切圈。
2. 锅置火上，倒入适量油，烧热，下蒜苗、红椒爆香，调入盐、味精炒匀，淋入香油。
3. 将炒好的蒜苗、红椒淋在摆好的猪三件盘中即可。

大厨献招：
猪三件焯一下水，口感更佳。

一品牛肉爽

菜品特色：气味浓香，口感独特，肉质鲜美。
主料：牛肉 350 克。
辅料：红椒 10 克，葱、料酒、酱油、大料、熟芝麻、盐各 5 克，鸡精、香油各 2 克。
制作过程：
1. 牛肉洗净。
2. 锅中加入适量清水、盐、料酒、酱油、大料，煮沸，放入牛肉煮熟，捞起，沥干水分。
3. 将牛肉切成片，装盘。
4. 葱洗净，切葱花。
5. 红椒洗净，切圈。
6. 将红椒、鸡精、葱花、香油、熟芝麻拌匀，倒在牛肉片上即可。

泥蒿炒腊肉

主料：泥蒿 300 克，腊肉 200 克。

辅料：植物油 20 克，红椒、干辣椒各 10 克，盐 5 克，鸡精 2 克。

制作过程：

1. 泥蒿洗净，切段。
2. 腊肉洗净，切成片。
3. 红椒洗净，切丝。
4. 干辣椒洗净，切段。
5. 锅置火上，倒入适量水，烧沸，放入泥蒿和红椒丝焯一下，捞出，沥干水分。
6. 另起锅，倒入适量油，烧热，放干辣椒炒香；加入腊肉炒至出油。
7. 放入泥蒿，调入盐、鸡精翻炒，装盘即可。

大厨献招：

炒干辣椒时不要用大火，以免炒焦。

小窍门

识别野生泥蒿的窍门

野生泥蒿茎呈紫红色，短粗，通常一把放在一起，长短、粗细并不规则。而人工养殖的泥蒿杆为翠绿色，且每一根的长度、粗细都十分均匀。

小贴士

腊肉宜用温水先泡 15 分钟，再洗去表面的盐，味更佳。

擂辣椒炒扣肉

主料：扣肉200克，青椒100克。

辅料：植物油20克，酱油、豆豉、小米椒、蒜苗各10克，盐5克，味精2克。

制作过程：

1 扣肉洗净，切成片。

2 小米椒洗净，切丁；蒜苗洗净，切段；青椒洗净，入油锅中炸熟后，捞出。

3 将米椒丁、蒜苗段和青椒放入碗中，撒上盐。

4 用重物在碗内擂几下，使其碎烂即可。

5 锅置火上，倒入适量油，烧热，放入扣肉、豆豉稍炒。

6 加入小米椒、蒜苗、辣椒；调入盐、酱油，大火爆炒30秒；放入味精调味，装盘即可。

大厨献招：

辣椒不宜擂得太烂，以免影响口感。

小贴士

体弱胃寒者不宜食用。

豉香风味排骨

菜品特色：豉香浓郁，外酥里嫩。
主料：排骨350克，青椒、红椒各50克。
辅料：豆豉、红油各10克，蒜末、芝麻各5克，盐4克。
制作过程：
1 排骨处理干净，切段，用盐抹匀；青、红椒洗净去籽，切圈。
2 锅置火上，倒入适量油，烧热，放入排骨炸至金黄色，捞出。
3 用余油爆香青、红椒，下排骨、豆豉、蒜末、芝麻炒匀，淋上红油即可。

小贴士
此菜可以保肝护肾。

葱爆牛小排

菜品特色：肉香四溢，色香味俱全。
主料：牛小排350克，大葱100克
辅料：淀粉20克，红油5克，盐3克，鸡精1克。
制作过程：
1 牛小排洗净，切成小块，焯水捞起，加盐、水、淀粉搅拌，裹匀。
2 大葱洗净，斜切成段。
3 锅置火上，倒入适量油，烧热，放入牛小排炸至表面泛红色，捞起控油。
4 锅底留油，放入葱段煸炒，加入牛小排爆炒。
5 调入盐、鸡精、红油，装盘即可。
大厨献招：
牛肉过油时油温不宜过高，否则影响口感。

糊辣子鸡

菜品特色：色泽红润，酥香爽脆。
主料：鸡肉 400 克，干辣椒 30 克。
辅料：料酒 12 克，酱油 10 克，盐 3 克，味精 1 克，大蒜少许。
制作过程：
1. 鸡肉洗净，切成小块。
2. 干辣椒洗净，切圈。
3. 大蒜洗净，切成片。
4. 锅内注油烧热，下干辣椒炒香，放入鸡块翻炒至变色。
5. 加入大蒜炒匀。
6. 加入盐、酱油、料酒炒至熟后，下味精调味，装盘即可。

南乳藕片炒五花肉

菜品特色：麻辣爽口，诱人食欲。
主料：莲藕 300 克，五花肉 200 克。
辅料：南乳 50 克，青椒、黄椒、植物油各 20 克，酱油、料酒各 10 克，盐 5 克，鸡精 2 克。
制作过程：
1. 莲藕洗净，切成片，焯水；五花肉洗净，切成片，用盐、酱油腌渍；青椒、黄椒均去蒂，洗净，切成片。
2. 锅置火上，倒入适量油，烧热，放入五花肉炒至出油；下入料酒、藕片、青椒、黄椒及南乳炒熟。
3. 调入盐、鸡精炒匀，装盘即可。

大厨献招：
莲藕切成片后放入水中浸泡，可防止氧化变黑。

农家一碗香

菜品特色：美味可口，色泽鲜艳。

主料：猪肉200克，鸡蛋、木耳、青椒、茶树菇各100克。

辅料：植物油20克，料酒、酱油、葱各10克，盐5克。

制作过程：

1 猪肉洗净，切成片；鸡蛋打入碗中，拌匀；木耳泡发洗净；青椒洗净，切条；葱洗净，切段；茶树菇洗净。

2 锅置火上，倒入适量油，烧热，倒入蛋液翻炒，加入盐调味。

3 另起油锅，放入猪肉炒出油，烹入料酒、酱油，加入木耳、青椒、茶树菇翻炒，倒入鸡蛋，加入盐、葱段，翻炒至熟即可。

四宝炒鸡腿菇

菜品特色：香辣鲜美，酥香爽脆。

主料：鸡腿菇300克，鱿鱼、莴笋各200克，蟹柳、虾仁各100克。

辅料：植物油15克，红椒碎10克，葱、酱油、醋、水淀粉、盐各5克，鸡精2克。

制作过程：

1 鱿鱼处理干净；鸡腿菇洗净；莴笋洗净，切成片；葱切段；蟹柳切段。

2 锅置火上，倒入适量油，烧热，放入鱿鱼、蟹柳、虾仁滑炒，炒至五成熟时，再放入鸡腿菇、莴笋翻炒均匀。

3 调入盐、鸡精、红椒碎、酱油、醋炒至待熟，放入葱段，用水淀粉勾芡，装盘即可。

小炒剔骨肉

菜品特色：味道鲜美，香味浓厚。
主料：排骨 500 克，红椒 50 克。
辅料：植物油 20 克，蒜苗、姜、生抽、盐各 5 克，鸡精 3 克。
制作过程：

1. 排骨洗净，焯水，放入沸水中煮熟，捞出，剔去骨头，留肉。
2. 红椒去蒂，洗净，斜切圈。
3. 蒜苗洗净，切段。
4. 姜去皮，洗净，切成片。
5. 锅置火上，倒入适量油，烧热，下剔骨肉煸炒至八成熟，放入红椒、蒜苗炒熟。
6. 调入盐、鸡精、生抽炒匀，装盘即可。

千丝万缕

菜品特色：滋味浓郁，回味悠长。
主料：猪肉、洋葱各 200 克，芹菜、胡萝卜、豆芽各 100 克。
辅料：盐 5 克，鸡精、香油各 2 克。
制作过程：

1. 猪肉洗净，切丝；洋葱洗净，切丝；芹菜取梗洗净，切段。
2. 胡萝卜洗净，切丝；豆芽洗净。
3. 锅置火上，加入水烧沸，放洋葱、芹菜、胡萝卜、豆芽，焯熟，捞出装盘。
4. 锅下油烧热，放入猪肉滑炒，调入盐、鸡精炒熟，倒在菜上，淋上香油即可。

辣椒金钱蛋

菜品特色：口感清新，滑嫩爽口。
主料：鸡蛋3个。
辅料：辣椒20克，植物油、葱花各15克，盐3克。
制作过程：
1. 鸡蛋煮熟，去壳，切圈。
2. 辣椒洗净，切成片。
3. 锅置火上，倒入适量油，烧热，放入鸡蛋圈，炸至金黄。
4. 下入辣椒、葱花、盐与蛋一起翻炒至熟即可。

大厨献招：
最好选用新鲜土鸡蛋，味更美。

小贴士
肾炎患者不宜食用辣椒。

老干妈松板肉

菜品特色：肉质松软，营养丰富。
主料：猪颈肉300克，洋葱、青椒各100克。
辅料：植物油20克，胡椒粉、酱油、蚝油、老干妈豆豉、盐各5克。
制作过程：
1. 猪颈肉洗净，用酱油、胡椒粉、蚝油腌渍，放进烤箱烤熟取出，切薄片做成松板肉。
2. 洋葱洗净，切成片。
3. 青椒去蒂，去籽，洗净，切段。
4. 锅置火上，倒入适量油，烧热，放入老干妈豆豉与松板肉稍炒；加入洋葱和青椒，翻炒至熟。
5. 调入酱油、盐，炒匀，装盘即可。

湘芹聚饼

菜品特色：鲜香味美，口味独特。

主料：猪肉、花菜、芹菜、玉米粉、面粉各200克。

辅料：植物油20克，酵母粉、红椒、辣椒油、盐各5克，鸡精3克。

制作过程：

1. 面粉与玉米粉分别加入酵母粉，发酵好。
2. 将面团揉匀，制成一白一黄蝴蝶夹状馍，放入蒸笼中蒸熟。
3. 猪肉洗净，切细条；红椒洗净，切细条；花菜洗净，切小块，烫熟，摆盘；芹菜洗净，切条。
4. 锅置火上，倒入适量油，烧热，放入猪肉、红椒、芹菜炒熟。
5. 调入盐、鸡精、辣椒油，装盘，把蝴蝶夹馍，摆盘即可。

大厨献招：

选择新鲜、茎厚实、无枯叶的芹菜，味更佳。

凤尾腰花

菜品特色：美味可口，色泽鲜艳。

主料：猪腰1个（300克）。

辅料：青、红椒各30克，植物油20克，姜、蒜、葱段各10克，盐、酱油各5克，鸡精2克。

制作过程：

1. 青、红椒洗净去蒂、去籽，切圈；姜洗净，去皮，切成片；蒜洗净，去皮，切成片。
2. 猪腰洗净对半开，切去白色筋膜，切凤尾状，放入油锅滑散。
3. 锅置火上，倒入适量油，烧热，放入青椒、红椒、姜、蒜炒香，加入腰花、葱段。
4. 调入盐、鸡精、酱油炒匀，装盘即可。

湘夏手撕骨

菜品特色：鲜香味美，口味独特。

主料：带肉猪骨 400 克。

辅料：植物油 20 克，生抽 10 克，葱、花生、红椒、芝麻、盐各 5 克，味精 2 克。

制作过程：

1. 猪骨洗净，焯水，沸水煮熟。
2. 红椒去蒂，洗净，切碎。
3. 葱洗净，切段。
4. 锅置火上，倒入适量油，烧热，放入花生、芝麻、红椒炒香，放入猪骨，中火翻炒。
5. 炒至熟，调入盐、味精、生抽炒匀，撒入葱段即可。

橄榄豆角脆脆骨

菜品特色：香气四溢，酥香爽脆。

主料：猪脆骨 300 克，豆角 150 克，橄榄菜 100 克，红椒 50 克。

辅料：植物油 20 克，老抽 10 克，盐 5 克，鸡精 2 克。

制作过程：

1. 猪脆骨洗净，剁小块。
2. 橄榄菜、豆角洗净，切丁。
3. 红椒洗净，切圈。
4. 猪脆骨焯水，沥干水分。
5. 锅置火上，倒入适量油，烧热，放入猪脆骨稍炸，捞起沥油；锅底留油，放入豆角、橄榄菜、红椒爆炒，加入猪脆骨同炒。
6. 调入盐、鸡精、老抽炒入味，装盘即可。

湘西风吹猪肝

菜品特色：成色美观，味浓醇香。

主料：湘西风干猪肝 300 克。

辅料：蒜苗 30 克，植物油 20 克，红油、干辣椒、蚝油各 10 克，姜片、盐各 5 克，味精 2 克。

制作过程：

1. 风干的猪肝切成片；干辣椒洗净，切段；蒜苗择洗净，切段。
2. 锅置火上，加入适量清水烧沸，放入猪肝片稍烫，捞出，沥干水分。
3. 锅上火，油烧热，放入猪肝稍炒，加入干辣椒、蒜苗炒香。
4. 调入剩余调味料，炒匀入味，装盘即可。

臭豆腐炒腊肠

菜品特色：咸辣适度，味道浓厚。
主料：腊肠、臭豆腐各100克，豆豉、葱花、蒜末各20克。
辅料：植物油15克，酱油、料酒、辣椒酱、盐各5克。
制作过程：
1. 腊肠洗净，切成片。
2. 臭豆腐入油锅中炸酥，捞起，沥油。
3. 锅置火上，倒入适量油，烧热，入蒜末爆香，加入腊肠拌炒。
4. 倒入炸好的臭豆腐翻炒。
5. 调入各调味料，加入豆豉拌炒至香味散发，撒上葱花，装碗即可。

皮蛋牛肉粒

菜品特色：鲜香味美，口味独特。
主料：皮蛋、青椒、红椒、牛肉、熟花生米各50克。
辅料：植物油20克，酱油、豆豉各10克，盐5克，味精3克。
制作过程：
1. 皮蛋洗净，去壳，切小粒；青椒、红椒、牛肉洗净，切小粒。
2. 锅置火上，倒入适量油，烧热，下青、红椒炒香，放入皮蛋、牛肉、熟花生米炒至香味浓郁。
3. 调入盐、味精、酱油、豆豉炒匀，装盘即可。

大厨献招：
不要选用蛋壳破损、散发异臭的皮蛋。

烧汁牛柳杏鲍菇

菜品特色：口感饱满，滋味浓郁。
主料：杏鲍菇300克，牛肉200克。
辅料：青椒、红椒各20克，豆豉酱、水淀粉、酱油、盐各5克，鸡精2克。
制作过程：
1. 牛肉洗净，切成片；杏鲍菇洗净，切成片；青椒、红椒均去蒂，洗净，切成片。
2. 锅置火上，加入水烧热，放入牛肉汆水，捞出，沥干水分。
3. 油烧热，放牛肉滑炒片刻，放入杏鲍菇、青椒、红椒翻炒。
4. 调入盐、鸡精、酱油、豆豉酱炒匀。快熟时，加入水淀粉勾芡，装盘即可。

美味菌皇牛仔骨

菜品特色：美味可口，色泽鲜艳。

主料：牛仔骨 200 克，鸡腿菇 50 克。

辅料：植物油、青椒、红椒各 20 克，酱油、醋各 10 克，盐 5 克。

制作过程：

1. 牛仔骨洗净，剁块，焯水；鸡腿菇洗净，切成片；青椒、红椒洗净，切成片。
2. 锅置火上，倒入适量油，烧热，放入牛仔骨滑炒，加入鸡腿菇、青椒、红椒翻炒至熟。
3. 调入盐、醋、酱油炒匀，装盘即可。

大厨献招：

撒点芥末，牛仔骨更易熟透。

韵味牛肠

菜品特色：肥而不腻，滋味浓郁。

主料：牛肠 500 克。

辅料：红辣椒 50 克，蒜头 30 克，植物油、葱花各 20 克，红油、辣椒油各 15 克，盐 5 克，味精 2 克。

制作过程：

1. 牛肠洗净，切段；红辣椒、蒜头洗净，切成片。
2. 锅置火上，倒入适量油，烧热，放入牛肠、红辣椒、蒜头炒熟。
3. 调入红油、辣椒油、味精、盐炒香，装盘，撒上葱花即可。

大厨献招：

将牛肠正反两面用沸水烫一下，可去异味。

霸王兔

菜品特色：滋味浓郁，麻辣爽口。

主料：兔肉 350 克，干红椒 100 克。

辅料：植物油 20 克，生抽、料酒、盐各 5 克，花椒、味精各 2 克。

制作过程：

1. 兔肉洗净，剁成块；干红椒洗净，切段。
2. 锅置火上，倒入适量油，烧热，放入干红椒爆香，下兔肉滑熟。
3. 烹入料酒，加入花椒翻炒。
4. 调入盐、味精、生抽炒匀，装盘即可。

大厨献招：

兔肉鲜嫩美味，烹制时加入适量花雕酒，会让此菜更美味。

芙蓉鸡片

菜品特色：柔嫩爽口，鲜香味浓。
主料：鸡脯肉 400 克，鸡蛋 2 个。
辅料：植物油 20 克，葱花、姜丝、料酒、水淀粉、盐各 5 克，鸡精 2 克。
制作过程：

1. 鸡脯肉洗净，剁成蓉状，加入盐、鸡精、水淀粉搅拌均匀。
2. 鸡蛋打入碗中，加入盐搅拌均匀。
3. 锅置火上，倒入适量油，烧热，鸡脯肉滑炒至熟，捞出；锅底留油，鸡蛋滑炒至熟，捞出。
4. 油烧热，姜丝炒香，加入鸡脯肉和鸡蛋翻炒至入味，调入盐、料酒、水淀粉，撒上葱花，装盘即可。

左宗堂鸡筋骨

菜品特色：肥而不腻，酥香爽脆。
主料：鸡筋骨 300 克，青、红椒各 30 克。
辅料：植物油 20 克，酱油 15 克，醋、盐各 5 克，味精 2 克。
制作过程：

1. 鸡筋骨洗净，切成小块；青、红椒洗净，切成片。
2. 锅置火上，倒入适量油，烧热，放入鸡筋骨块翻炒至变色，加入青、红椒。
3. 调入盐、醋、酱油翻炒至熟，加入味精调味，装盘即可。

大厨献招：
将鸡筋骨放入酒中浸泡味道更鲜美。

火把鳝鱼

菜品特色：味道浓香，营养丰富。
主料：鳝鱼 300 克，泡椒 100 克。
辅料：植物油、酱油各 15 克，醋 8 克，花椒、干辣椒各 5 克，盐 3 克，味精 1 克。
制作过程：

1. 鳝鱼处理干净，剪开切段；泡椒洗净；干辣椒洗净，切段。
2. 锅置火上，倒入适量油，烧热，下干辣椒炒香，放入鳝鱼炒至卷起，加入泡椒、花椒同炒片刻。
3. 倒入酱油、醋炒至断生，调入盐、味精入味，装盘即可。

大厨献招：
若加入熟花生米，会让此菜更美味。

贡椒茄子

菜品特色：色泽油亮，咸香鲜醇。
主料：茄子250克，黄瓜50克。
辅料：青椒、红椒各30克，植物油15克，盐5克，鸡精2克。
制作过程：
1. 茄子洗净，切成小块；黄瓜洗净，切成片，摆盘；青椒、红椒均洗净，切成片。
2. 锅置火上，倒入适量油，烧热，放入茄子煸炒至熟，加入青椒、红椒同炒。
3. 调入盐、鸡精炒匀，装盘即可。

大厨献招：
此菜不宜炒太久，否则茄子的营养会流失。

小葱芋艿

菜品特色：鲜香味美，口味独特。
主料：小芋头400克，小葱100克。
辅料：番茄酱50克，植物油20克，盐5克，鸡精2克。
制作过程：
1. 小芋头洗净；小葱洗净，切葱花。
2. 锅置火上，倒入适量油，烧热，放入小芋头翻炒至熟。
3. 调入盐、鸡精、番茄酱炒匀装盘，撒上葱花即可。

大厨献招：
炒小芋头时可加入适量水，更容易炒熟。

小贴士
过敏体质者、糖尿病患者不宜多食。

浏阳柴火香干

菜品特色：香味浓郁，诱人食欲。
主料：香干150克，辣椒30克。
辅料：植物油20克，辣椒油、葱各10克，盐5克，味精2克。
制作过程：
1. 香干洗净，切成片；辣椒洗净，切圈；葱洗净，切末。
2. 锅置火上，倒入适量油，烧热，放入辣椒爆香，加入香干煎一下。
3. 调入盐、味精、辣椒油炒匀，撒上葱花翻炒即可。

大厨献招：
可加入适量豆瓣酱一起炒，味更美。

发丝百叶

主料：牛百叶 750 克，熟茶油 100 克，青椒、红椒各 15 克，水发玉兰 50 克。

辅料：植物油 20 克，黄醋、淀粉各 10 克，盐、芝麻油、葱各 5 克，味精 3 克，牛清汤适量。

制作过程：

1 牛百叶切丝，盛入碗中。

2 在碗中加入黄醋去掉腥味。

3 再放入盐，拌匀入味，备用。

4 玉兰切细丝；青椒、红椒洗净，切丝；葱切段。

5 取小碗 1 只，加入牛清汤、味精、芝麻油、黄醋和淀粉兑成芡汁。

6 锅置火上，倒入适量油，烧热，葱段、玉兰丝和青椒丝、红椒丝下锅翻炒。

7 下牛百叶丝、盐炒香，倒入调好的芡汁快炒，装盘即可。

大厨献招：

本品注重刀工，百叶切得愈细愈好。火旺油热，迅速煸炒，烹汁后颠翻几下，立即出锅。

小贴士

脂肪肝患者忌食。

土匪肉

主料：五花肉 500 克，干辣椒 150 克。
辅料：植物油 20 克，水淀粉 10 克，葱、糖、盐、白芝麻、酱油各 5 克，卤水适量。
制作过程：

1 五花肉处理干净。
2 在大碗中，倒入适量卤水，备用。
3 锅置火上，倒入卤水烧热，放入五花肉卤热，沥干水分。
4 卤熟的五花肉取出切成小块。
5 锅下油烧热，下干辣椒爆香，盛入砂锅底。
6 另起油锅，调入盐、糖、酱油、水淀粉，做成味汁。
7 将切好的五花肉摆在砂锅内，在上面淋上出锅的味汁。
8 撒上葱花、白芝麻即可。

大厨献招：
加入适量大料，味道会更好。

小贴士
关节炎患者不宜食用。

椒盐茄盒

主料：茄子 250 克，猪肉 100 克，面粉、鸡蛋清各 50 克。

辅料：植物油 20 克，料酒 10 克，盐、葱花、红椒、姜各 5 克，椒盐 5 克。

制作过程：

1. 茄子洗净，去皮。
2. 将处理好的茄子切成茄夹；姜切末。
3. 猪肉处理干净，切末，加入姜末、料酒、盐拌匀。
4. 面粉与鸡蛋清加入水，调成糊状。
5. 将肉馅抹入茄夹内，摆好。
6. 锅置火上，入油烧至五成熟，将茄夹逐个蘸匀面糊，放入锅内炸至金黄色。
7. 捞出控油，撒上椒盐、葱花、红椒，装盘即可。

大厨献招：

面粉糊不要调得太稀了。

小贴士

肺结核、关节炎病人忌食。

菜品特色：口味独特，诱人食欲。

排骨迷你粽

主料：猪排 300 克，粽子 200 克，竹笋 100 克。

辅料：植物油 20 克，水淀粉、排骨酱各 10 克，生抽、姜、番茄酱、盐、糖各 5 克，高汤适量。

制作过程：

1. 竹笋洗净，切段；姜切成片。
2. 猪排处理干净，切小块，焯水。
3. 锅中热油，下排骨炸至五成熟，捞出沥油。
4. 锅底留油，放排骨、姜、盐、排骨酱、生抽、糖，加入高汤，小火煮 20 分钟，待浓汤渐少，放入竹笋翻炒。
5. 倒入调好的番茄酱。
6. 调入水淀粉勾芡，装盘。
7. 粽子入锅中，煮熟捞出，剥去粽叶，摆放在盘子周围即可。

大厨献招：

粽子煮熟后可用油稍炸以免粘盘。

小贴士

消化功能不佳者不宜食用。

排骨烧年糕

菜品特色：味道鲜美，营养丰富。

主料：猪排 300 克，年糕 150 克，青椒、红椒各 50 克。

辅料：植物油 20 克，蒜苗 10 克，酱油、料酒、水淀粉、盐各 5 克，鸡精 2 克，高汤适量。

制作过程：

1. 猪排洗净，斩块；年糕洗净，切成片；青椒、红椒均洗净，切条；蒜苗洗净，切段。
2. 猪排汆水后，捞出，沥干水分。
3. 锅置火上，倒入适量油，烧热，放入排骨煸炒；加入青椒、红椒、年糕炒匀。
4. 调入盐、鸡精、酱油、料酒、水淀粉、高汤，快熟时，放蒜苗略等片刻，装盘即可。

湘味霸王别姬

菜品特色：香味浓郁，口感滑嫩。

主料：甲鱼 1 只（约 500 克），鱼丸、肉丸各 30 克。

辅料：植物油 20 克，酱油、料酒各 10 克，盐 5 克，味精 2 克。

制作过程：

1. 甲鱼处理干净，切成小块；鱼丸、肉丸用沸水煮熟。
2. 锅置火上，倒入适量油，烧热，下甲鱼翻炒后，注水焖煮至熟，调入盐、酱油、料酒煮至汤汁收浓。
3. 加入味精调味，装盘，将鱼丸、肉丸排于四周即可。

大厨献招：

鱼丸和肉丸都要经过煮熟后再摆盘。

吊烧鸡

菜品特色：色泽油亮，外酥里嫩。
主料：嫩母鸡 1 只。
辅料：盐、醋、蜂蜜、老抽各 5 克，鸡精 2 克。
制作过程：
1 母鸡处理干净，表面用盐抹匀，入蒸锅蒸熟，取出。
2 用醋、蜂蜜、老抽、盐、鸡精、水调成脆皮汁，淋在鸡皮上，风干。
3 炒锅置火上，倒入适量油，烧热，大勺淋在鸡皮上。
4 将鸡用刀切成小块，装盘保持鸡形完整即可。
大厨献招：
调脆皮汁时一定要调拌均匀，才能更入味。

啤酒烧鸡块

菜品特色：味道鲜香，口感柔嫩，色泽红润。
主料：鸡肉400克，青椒、红椒各50克，黄豆30克。
辅料：酱油、水淀粉各 5 克，啤酒 20 克，盐 3 克，鸡精 2 克。
制作过程：
1 鸡肉洗净，切成小块。
2 青椒、红椒均去蒂洗净，切条。
3 黄豆泡发洗净，备用。
4 锅下油烧热，下黄豆炒香，放入鸡块煸炒，调入盐、鸡精、酱油、啤酒炒匀。
5 放入青椒、红椒翻炒，快熟时用水淀粉勾芡，出锅即可。

农家一品鲜豆腐

菜品特色：口感美味，令人食欲大增。
主料：豆腐 300 克，五花肉、竹笋各 200 克。
辅料：酸菜、植物油各 25 克，虾仁 10 克，干辣椒、盐各 5 克，鸡精 2 克。
制作过程：

1. 豆腐洗净，切成小块；五花肉、竹笋洗净，切成片。
2. 虾仁、酸菜、干辣椒洗净。
3. 锅内放水，放虾仁、鸡精、盐煮开，加入五花肉、竹笋、豆腐煮熟。
4. 锅内放少许油，放入干辣椒和酸菜稍煮，装盘即可。

青椒佛手蹄

菜品特色：肉质软嫩，滋味浓郁。
主料：猪蹄 1 只（约 500 克），青椒片 50 克。
辅料：植物油 20 克，蚝油、蒜片各 10 克，酱油、盐各 5 克，味精 2 克。
制作过程：

1. 猪蹄处理干净，煮至熟烂，剥去皮，切条片。
2. 锅置火上，倒入适量油，烧热，放入猪蹄，倒入酱油，烧至猪蹄香而转为酱色。
3. 加入青椒片、蒜片炒熟，调入所有调味料，炒匀入味即可。

小贴士

青椒与黄瓜同食，会影响人体对维生素 C 的吸收，降低其营养价值。

香猪嘴拱

菜品特色：味道浓香，营养丰富。
主料：猪嘴 500 克。
辅料：大蒜、植物油各 20 克，熟白芝麻、酱油各 10 克，葱、醋、盐各 5 克，味精 2 克。
制作过程：

1. 猪嘴洗净，切成片；葱洗净，切段；大蒜洗净，切成片。
2. 锅置火上，倒入适量油，烧热，放入猪嘴翻炒至变色；加入大蒜、葱段炒匀。
3. 倒入适量水和酱油、醋炒至汤汁收干，加入盐、味精调味。
4. 装盘，撒上熟白芝麻即可。

酱爆香螺

菜品特色：味道鲜香，口感饱满。
主料：香螺 400 克，青椒、红椒各 20 克。
辅料：盐 3 克，味精 2 克，酱油、醋各适量。
制作过程：
1 香螺治净，备用。
2 青椒、红椒均去蒂洗净，切片。
3 锅内加油烧热，放入香螺翻炒至变色。
4 加入青椒、红椒炒匀。
5 炒至熟后，加盐、味精、酱油、醋调味，起锅装盘即可。
大厨献招：
这种海香螺本身鲜度足够，无须添加过多调味品；口味轻的只用甜面酱即可。

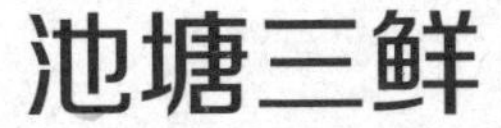

池塘三鲜

菜品特色：味道鲜香，回味悠长。
主料：鳝鱼、田螺、草鱼肉、青红椒各适量。
辅料：老抽、料酒各 20 克，盐 3 克，葱段 25 克。
制作过程：
1 鳝鱼治净切段，打花刀。
2 草鱼肉洗净，切块。
3 田螺洗净，煮熟待用。
4 青、红椒均洗净切段。
5 油锅烧热，下鳝鱼、草鱼爆炒，加入料酒、老抽、田螺同炒。
6 注入适量清水烧开，加入青、红椒同煮。
7 加盐调味，撒上葱段，出锅即可。

剁椒一品鲜

菜品特色：爽甜嫩口，芳香诱人。
主料：蛤蜊、蛏子各 200 克，红椒 100 克。
辅料：料酒、盐、鸡精各适量，葱花 50 克。
制作过程：
1 将蛤蜊、蛏子均治净，入开水锅中汆水至七成熟，捞出沥干。
2 红椒洗净，切丁，待用。
3 锅置火上，倒入适量油，烧热，下入蛤蜊和蛏子翻炒。
4 再倒入红椒同炒至熟，淋入少许料酒，调入盐、鸡精调味。

茄汁黄豆烩凤爪

菜品特色：色泽油亮，滋味浓郁。
主料：鸡爪 500 克。
辅料：番茄酱、黄豆、红椒、植物油各 20 克，淀粉 10 克，醋、盐各 5 克，鸡精 2 克。
制作过程：

1. 鸡爪处理干净；红椒去蒂，洗净，切圈；黄豆洗净，泡发。
2. 将淀粉加入适量清水搅拌成糊状，加入盐，放入鸡爪。
3. 锅置火上，倒入适量油，烧热，放入鸡爪炸至表皮金黄色；加入番茄酱、黄豆、红椒翻炒。
4. 调入盐、醋炒匀，倒入适量清水焖熟，调入鸡精即可。

签签鸭脯

菜品特色：油而不腻，佐酒佳肴。
主料：鸭脯肉 300 克，生菜 100 克。
辅料：植物油 20 克，料酒、水淀粉各 10 克，酱油、白芝麻、盐各 5 克，鸡精 2 克。
制作过程：

1. 鸭脯肉洗净，切成小块，用牙签串成小串；生菜洗净，摆盘。
2. 锅置火上，倒入适量油，烧热，下白芝麻炒香，放入串好的鸭脯肉炸片刻。
3. 调入盐、鸡精、料酒、酱油炒匀，快熟时加入水淀粉勾芡，盛在生菜叶上即可。

大厨献招：
炸鸭肉用中火炸，口感会更好。

古越花雕鸡

菜品特色：麻辣味浓，诱人食欲。
主料：仔鸡 600 克，粉丝 100 克。
辅料：花雕酒、植物油各20克，老抽、醋、盐各5克。
制作过程：

1. 仔鸡处理干净，入沸水锅中焯水；粉丝入沸水锅中稍煮，捞出，装在盘底。
2. 锅置火上，倒入适量油，烧热，放入仔鸡。
3. 倒入适量清水、花雕酒、盐、老抽、醋炖煮至熟。
4. 倒在粉丝上即可。

小贴士

鸡肉性温、助火，肝阳上亢及口腔糜烂、皮肤疖肿、大便秘结者不宜食用。

豉油皇焗藕盒

菜品特色：肥而不腻，香气扑鼻。

主料：莲藕 300 克，猪肉 100 克。

辅料：酱油 50 克，面粉 30 克，植物油 20 克，红椒、黄椒各 15 克，盐 5 克。

制作过程：

1. 猪肉洗净，剁成肉末，加入盐和酱油拌匀。
2. 莲藕去皮洗净切成片，两片莲藕中间夹上肉馅，加入面粉裹匀，制成藕盒；红椒、黄椒洗净，切成片。
3. 锅置火上，倒入适量油，烧热，藕盒炸至表面成金黄色，捞出。
4. 锅底留油，放入红椒、黄椒炒香，加入藕盒炒匀，调入盐即可。

碧绿圈子

菜品特色：肥而不腻，柔中带韧。

主料：猪大肠 300 克，菠菜 100 克。

辅料：植物油 20 克，蚝油、酱油、水淀粉、盐各 5 克，鸡精 2 克。

制作过程：

1. 菠菜洗净，焯水，捞出摆盘底；猪大肠处理干净，切段，加入盐和料酒腌渍。
2. 锅置火上，倒入适量油，烧热，放入猪大肠炸至表面金黄色且变硬。
3. 捞出，控油，倒在菠菜上。
4. 锅底留油，调入盐、鸡精、蚝油、酱油、水淀粉，调成味汁，淋在猪大肠上即可。

菜品特色：美味可口，色泽鲜艳。

湘味莲子扣肉

主料：五花肉 800 克，莲子 400 克，白萝卜适量。

辅料：大料、料酒各 10 克，葱、辣椒油、盐、鲍鱼汁各 5 克。

制作过程：

1. 莲子泡发，去心；白萝卜切小丁。
2. 五花肉洗净，放入加有大料、盐、料酒的锅中煮好，捞出沥干。
3. 将煮好的五花肉捞出，切薄片。
4. 五花肉片包入 2 颗莲子。
5. 将包好莲子的五花肉卷竖着，肉皮向下装入碗内，淋上辣椒油，上锅蒸熟。
6. 将蒸碗端出，反扣在盛好白萝卜丁的碗中。
7. 在表面淋上鲍鱼汁即可。

大厨献招：

选用新鲜莲子，口感更佳。

小贴士

便秘者禁食。

红果山药

主料：山药 300 克，山楂 200 克。
辅料：桂花蜂蜜 25 克，白糖 10 克。
制作过程：

1. 山药去皮，洗净，切段，入锅蒸熟。
2. 将蒸熟的山药放入搅拌机中，捣烂。
3. 待山药捣成泥状时，取出装入盘内。
4. 山楂洗净，去核，摆在山药旁。
5. 锅置火上，烧热，放入白糖、桂花蜂蜜、少量水熬成浓稠汁。
6. 将味汁淋在山药和山楂上即可。

大厨献招：
蒸山药用 25 分钟左右即可。

小窍门

切完山药后，在倒有温水的盆中倒入少量食醋，让双手浸泡 5 分钟，再用火烤一下，这样可以破坏山药皮上导致手痒的皂角质，手就不会痒了。

小贴士

山药切段时最好切小段，入锅后更容易蒸熟。

风腊合蒸

菜品特色：肉香四溢，味浓诱人。
主料：腊肉300克，腊肠200克。
辅料：茶油30克，鸡精3克。
制作过程：

1. 腊肉、腊肠洗净，用清水浸泡，沥干水分。
2. 锅置火上，入茶油，下腊肠、腊肉爆香，盛到碗里，加入适量水。
3. 将装有腊肠、腊肉的碗放到蒸锅里隔水大火蒸30分钟。
4. 调入鸡精拌匀，待凉，切成片，摆盘即可。

大厨献招：
宜选用有特殊香味、肉质干爽的腊肉、腊肠。

小贴士

血脂较高者不宜多食。

剁椒蒸毛芋

菜品特色：辣而不燥，令人胃口大开。
主料：毛芋500克，剁椒200克。
辅料：植物油20克，葱花5克。
制作过程：

1. 毛芋去皮，洗净，切成小块，上笼蒸熟，取出。
2. 在蒸热的毛芋上铺上剁椒，再蒸2分钟。
3. 取出，撒上葱花，浇油，装盘即可。

大厨献招：
将毛芋装进蛇皮袋，用力踩踏多次，可快速去皮。

小窍门

去芋头皮的窍门

先将芋头洗干净，再将芋头放进沸水中稍微焯一下，捞出，这样芋头的皮就容易剥了，而且能剥得很薄。

湘莲小枣

菜品特色：味道浓香，营养丰富。
主料：红枣 150 克，湘莲 50 克。
辅料：植物油、白芝麻各 15 克，糖 10 克。
制作过程：
1. 红枣洗净，湘莲去芯，红枣、湘莲入蒸锅中隔水加热至熟软，取出。
2. 锅置火上，倒入适量油，烧热，将蒸好的红枣、湘莲倒入略炒。
3. 加入糖炒至糖溶，撒上白芝麻，装盘即可。

大厨献招：
宜选用白色、颗粒饱满、无霉点的莲子。

小贴士
虚寒滑精者不宜多食。

美极牛蛙

菜品特色：鲜香味醇，肥而不腻。
主料：牛蛙 200 克。
辅料：剁辣椒 35 克，酱油、醋、香油、葱各 10 克，盐、味精各 3 克。
制作过程：
1. 牛蛙处理干净，切段，用盐、味精、酱油、醋腌 15 分钟；葱洗净切末。
2. 牛蛙装盘，铺上剁辣椒，淋上香油，上锅蒸熟。
3. 取出，撒上葱末即可。

大厨献招：
烹饪时间不宜过长，否则牛蛙肉会老韧。

小贴士
孕妇不宜食用。

菜品特色：气味醇香，鲜美可口。

水晶粉炖牛腩

主料：牛腩 500 克，水晶粉 200 克。

辅料：植物油 20 克，料酒 10 克，酱油、红油、白芝麻、盐各 5 克，高汤适量。

制作过程：

1 牛腩洗净，切条。

2 水晶粉洗净，泡发。

3 锅置火上，加入水烧热，放入水晶粉煮熟，盛入碗中。

4 牛腩放入沸水锅中，汆水，捞出。

5 锅下油烧热，放白芝麻炒香，放入牛腩煸炒片刻，调入盐、料酒、酱油、红油炒匀。

6 倒入高汤，炖熟，倒入碗中的粉丝上。

7 撒上香菜，点缀即可。

大厨献招：

炖牛肉时应该用冷水，可保持肉味鲜美。

小贴士

肾病患者忌食牛腩。

金钩腊肉煮腐丝

菜品特色：鲜香味醇，肉香四溢。

主料：豆腐皮 200 克，腊肉、虾仁各 100 克。

辅料：土豆 30 克，萝卜、植物油各 20 克，青椒、红椒、香菜、料酒各 10 克，盐 5 克，鸡精 2 克。

制作过程：

1. 豆腐皮、腊肉、虾仁处理干净；土豆、萝卜、青、红椒均洗净，切丝。
2. 锅置火上，倒入适量油，烧热，放入腊肉炒至出油，加入豆腐皮、萝卜丝、土豆丝、青椒、红椒、炸好的虾仁，稍翻炒。
3. 调入料酒、鸡精、盐，倒入适量水煮熟，撒上香菜即可。

大厨献招：

豆腐皮炒前可先焯一下水。

笼仔八宝甲鱼

菜品特色：肉质鲜嫩，滋味浓郁。

主料：甲鱼 1 只（约 500 克），竹笋 30 克。

辅料：植物油、料酒各 20 克，酱油、蒜末、秀珍菇、花生米、莲子、薏米、黄豆、芡实、虾仁各 15 克，白糖 10 克，盐 5 克，五香粉 2 克。

制作过程：

1. 甲鱼处理干净；竹笋洗净，切段；莲子、薏米、黄豆、芡实洗净，浸泡；秀珍菇洗净，撕片。
2. 锅置火上，倒入适量油，烧热，放入蒜末炸香，放入料酒、酱油、白糖、盐、五香粉和适量清水，烧沸，用小火煮成味汁。
3. 甲鱼与竹笋、莲子、薏米、黄豆、芡实、花生米、秀珍菇、虾仁放入砂锅中，煲熟，浇上味汁即可。

栗香鳝鱼

菜品特色：汤汁醇香，鲜香味美。
主料：鳝鱼250克，板栗200克。
辅料：植物油20克，料酒10克，姜、盐各5克，鸡精2克。
制作过程：
1. 鳝鱼处理干净，切段；板栗去壳，洗净；姜去皮，洗净，切丝。
2. 锅置火上，倒入适量油，烧热，入姜丝爆香，放入鳝鱼翻炒，烹入料酒翻炒片刻，放入板栗继续翻炒。
3. 倒入适量水煮开，调入盐、鸡精，中火慢煲至熟即可。

大厨献招：
此菜不宜用大火烹饪。

山药桂圆炖乳鸽皇

菜品特色：汤汁香醇，滋味浓郁。
主料：乳鸽500克，山药200克，桂圆100克。
辅料：桂皮、枸杞、盐各5克。
制作过程：
1. 乳鸽处理干净。
2. 山药去皮，洗净，切成小块。
3. 桂圆去壳，洗净；枸杞洗净。
4. 砂锅内加入水，放入枸杞、桂皮、山药、桂圆大火煮开。
5. 加入乳鸽炖至熟，加入盐调味即可。

大厨献招：
加点儿味精调味也可以。

香锅小蘑菇

主料：蘑菇、五花肉各200克。

辅料：芹菜50克，植物油20克，青椒、红椒各10克，老抽、盐各5克，鸡精2克。

制作过程：

1. 五花肉洗净，焯水。
2. 将捞出的五花肉沥干水分，切成片。
3. 蘑菇洗净，切成小块。
4. 青、红椒去蒂，洗净，切段。
5. 芹菜洗净，切段。
6. 油锅烧热，放入蘑菇稍炸后捞出沥油。
7. 锅置火上，倒入适量油，烧热，放入五花肉，炒至五成熟；放入蘑菇、青椒、红椒、芹菜炒香；倒入少许水焖至熟。
8. 调入盐、鸡精、老抽炒匀，装盘即可。

大厨献招：

可选用各种新鲜的蘑菇烹饪，营养更佳。

小贴士

腹胀者不宜多食。

砂锅花菜

菜品特色：鲜辣醇香，营养丰富。
主料：花菜 300 克，干辣椒、红椒各 30 克。
辅料：植物油、蒜苗各 30 克，蒜、酱油、醋、盐各 5 克。
制作过程：
1 花菜洗净，切成小块。
2 干辣椒洗净，切段；红椒去蒂，洗净，切圈。
3 蒜苗洗净，切段。
4 蒜去皮，洗净，切末。
5 锅置火上，倒入适量油，烧热，下干辣椒、蒜爆香，放入花菜炒片刻，加入红椒续炒。
6 调入盐、醋、酱油，快熟时，放入蒜苗略炒，盛入砂锅即可。

石锅手撕包菜

菜品特色：香辣鲜香，美味可口。
主料：包菜 300 克，五花肉 200 克
辅料：植物油 20 克，泡椒 10 克，蒜、酱油、醋、盐各 5 克，鸡精 2 克。
制作过程：
1 包菜洗净，撕成片；五花肉洗净，切薄片；蒜去皮，洗净，切末。
2 锅置火上，倒入适量油，烧热，下蒜炒香。
3 放五花肉，煎至出油；放入包菜翻炒。
4 调入盐、泡椒、鸡精、酱油、醋炒熟，装入石锅即可。
大厨献招：
放入圆白菜后，用大火爆炒，味道更好。

石锅牛蹄筋

菜品特色：口味香辣、麻，色泽深红。

主料：牛蹄筋 400 克。

辅料：青椒、红椒各 30 克，植物油 20 克，酱油、红油、姜、蒜、盐各 5 克，鸡精 2 克。

制作过程：

1. 牛蹄筋处理干净；青、红辣椒洗净，切丝；蒜切碎。
2. 锅置火上，倒入适量油，烧热，下姜、蒜爆香，放牛蹄筋滑炒。
3. 调入盐、鸡精、酱油、红油炒至八成熟时，放入青椒、红椒翻炒。
4. 倒入适量清水焖煮至熟，盛入石锅即可。

大厨献招：

不要买用火碱等工业碱发制的蹄筋。

锅仔瓦块蹄

菜品特色：香辣鲜美，肉质细嫩爽滑。

主料：猪蹄 400 克，竹笋 100 克。

辅料：白萝卜、泡椒各 50 克，植物油 20 克，料酒、老抽、盐各 5 克，鸡精 2 克。

制作过程：

1. 猪蹄处理干净，斩块，入沸水锅中焯水；竹笋洗净，切成片；白萝卜洗净，切成小块。
2. 锅置火上，倒入适量油，烧热，放入猪蹄爆炒至八成熟。
3. 加入泡椒、竹笋、白萝卜同炒，倒入适量清水，用大火炖煮 20 分钟。
4. 调入盐、鸡精、料酒、老抽调味即可。

椒盐馓子

主料：高精面粉 1000 克。

辅料：植物油 1500 克，盐 20 克，白胡椒粉 5 克。

制作过程：

1. 在面粉中加入白胡椒粉、盐、冷水（475 克）和匀揉透成面团，盖上净湿布静置 30 分钟，再将揉好静置过的面团搓成圆条。
2. 压扁，擀成厚约 3 厘米的长方形块。
3. 用刀按 3 厘米距离相对切不断的条。
4. 再搓成小指头粗细的条。
5. 把面条盘放在油盆里，浸泡 1 小时。
6. 锅中油烧至约 200℃，将在油盆里的小条拈起。
7. 右手拿起条拉成筷子头粗细，朝左手 4 个指头上依次连绕 10 圈，揪断条，将断条纳进条内。
8. 两手指头伸进圈，上下来回扯伸，竹筷伸进圈内，绷伸拉至 17 厘米长时，插入油内，双手拿着筷子灵活摆动，使其炸透。
9. 用筷子挑扭定型，炸成两面金黄即可。

小贴士

炸制时控制好温度，温度不能过高，防止焦糊。

珍珠肉卷

菜品特色：香味十足，酥嫩可口。

主料：糯米 175 克，面粉 75 克，猪瘦肉 50 克。

辅料：植物油 500 克，猪油 20 克，葱花、酱油、盐各 5 克，味精 2 克。

制作过程：

1. 糯米浸泡 4 ~ 8 小时，沥干水分，蒸熟；猪肉剁末，拌酱油、盐、味精、糯米饭成馅。
2. 案板抹油，面粉加入沸水揉面团，搓成剂子，擀皮，在中间铺馅料，将未铺馅料的部分翻折在馅料上，从两端朝中间各翻折 1/4，折成四层。
3. 植物油烧至七成热，下卷子炸至金黄色沥油即可。

大厨献招：

包馅后叠口处要抹上面。

碧玉裙边

菜品特色：滑嫩爽口，诱人食欲。

主料：苦瓜 400 克，甲鱼裙边 250 克。

辅料：胡萝卜片 50 克，料酒、植物油各 10 克，葱花、姜丝、盐各 5 克，高汤、水淀粉各适量。

制作过程：

1. 甲鱼裙边加入高汤煨至八成熟，捞出用料酒、盐腌入味；苦瓜斜切菱形片，下盐略腌。
2. 热油下苦瓜炒至断生，捞出沥油。
3. 锅内留底油，下葱花、姜丝爆香，下苦瓜、胡萝卜片、煨好的甲鱼裙边高汤一起煨熟，用水淀粉勾薄芡，装盘即可。

大厨献招：

主料腌味时间要足。

鸡蛋球

菜品特色：外酥里嫩，口感美味。
主料：面粉 500 克，鸡蛋 15 个。
辅料：绵白糖 650 克，饴糖 200 克，植物油 2500 克，苏打粉、猪油各 20 克。
制作过程：

1. 沸水放入面粉和猪油，熟后离火，晾至 80℃，加入鸡蛋、苏打粉揉匀。
2. 植物油烧至三成热时，捏鸡蛋面，从虎口处挤出圆球（直径约 2.6 厘米），入锅炸，全部浮起，提高油温，炸至外壳黄硬时沥油。
3. 沸水加入饴糖、绵白糖 150 克，溶化后离火稍冷却，将鸡蛋球挂满糖汁，滚上绵白糖即可。

大厨献招：
每磕入 2 个鸡蛋搅拌 1 次。

烫面糖蒸饺

菜品特色：味道鲜美，营养丰富。
主料：面粉 500 克，绵白糖 250 克。
辅料：芝麻、猪油各 50 克，桂花糖 25 克。
制作过程：

1. 芝麻炒熟，碾碎，加入绵白糖、桂花糖拌匀成馅料。
2. 案板上抹猪油，面粉中倒入 250 毫升沸水和匀成烫面，至置案板上，凉凉，揉摘成剂子 30 个。
3. 剂子擀成边沿薄、中间稍厚、直径约 8 厘米的圆皮，包入馅料，将皮子对折，双拇指和食指将边沿捏拢，使之呈牛角状。
4. 饺子捏好后上锅蒸 10 分钟即可。

玫瑰汤圆

菜品特色：色泽鲜美，回味无穷。

主料：糯米700克，大米300克。

辅料：面粉200克，玫瑰糖、熟花生米各40克，绵白糖20克。

制作过程：

1. 将糯米、大米混合制成粉浆，取200克挤干做成薄饼煮熟，和匀揉光成面团。
2. 熟花生米捣碎，加入绵白糖、玫瑰糖和面粉拌匀，掺凉水制成糖馅；面团搓摘成剂子，搓圆放入糖馅，收口捏成鸽蛋状。
3. 清水2500毫升煮沸，下入汤圆煮至熟，盛碗即可。

大厨献招：

煮制时一次不宜放得太多，否则易粘连。

绉纱馄饨

菜品特色：美味可口，制作精良。

主料：面粉100克，猪肉340克。

辅料：猪骨清汤500毫升，冬菜末、猪油、酱油各40克，盐、葱花各10克，食碱、味精、白胡椒粉各3克。

制作过程：

1. 面粉加入食碱、温水揉团后饧5分钟，擀成馄饨皮；猪肉剁末，拌盐、加水制成咸肉馅。
2. 竹挑刮肉馅于皮中央，向内转后捏拢皮子，抽出竹挑。
3. 取碗加入猪油、酱油、盐、葱花、味精、冬菜末、猪骨清汤，放煮熟馄饨，撒白胡椒粉即可。

油煎土豆

菜品特色：香味十足，软嫩可口。
主料：土豆 300 克。
辅料：水淀粉 15 克，葱花 5 克，盐 3 克，鸡精 2 克。
制作过程：

1. 土豆去皮洗净，放蒸笼蒸熟，取出捣成土豆泥，放盐、鸡精搅拌均匀，分成几份压成饼，用水淀粉挂糊。
2. 锅置火上，倒入适量油，烧热，把土豆饼放入油锅中炸成金黄色，捞出沥油，装盘，撒上葱花即可。

大厨献招：
土豆泥中放点五香粉味道更好。

荷叶夹

菜品特色：美味可口，回味悠长。
主料：面粉 450 克，酵面 100 克。
辅料：香油 50 克，椒盐粉、盐各 5 克，食碱 3 克。
制作过程：

1. 香油烧热，入椒盐粉和盐，调制成花椒油。
2. 200 毫升水加入酵面、面粉揉透，自然发酵，发至约七成时，加入食碱（先用温水化开）揉匀，摘成剂子，按扁擀圆皮。
3. 将圆皮的一半抹上花椒油，另一半覆盖其上，用木梳在面皮上按出荷叶的筋络，弄好后上锅蒸 10 分钟即可。

大厨献招：
沸水大火速蒸。

过瘾湘菜